No es posible concebir hoy en día la cultura separada del conocimiento científico pues éste ha pasado a ocupar, al lado de las humanidades, un sitio central en el pensamiento abstracto y en la vida cotidiana de las personas.

La forma tradicional de incorporar el conocimiento científico a la cultura de un pueblo ha sido la transmisión oral, que sigue vigente por ser natural y directa. Escuchar a un profesor sabio, a un investigador ilustre o a un divulgador dirigirse al público en el aula o en una conferencia puede ser una gran experiencia. Pero tal forma de comunicación es efímera y de registro limitado. Sólo el libro guarda el conocimiento en forma duradera y móvil.

La mayoría de los libros científicos a la venta en nuestro país son extranjeros. Ello es reflejo de la juventud de nuestra comunidad científica. Pero ésta, al acercarse ahora a su madurez, hace posible la publicación de una serie de libros de divulgación científica, escritos por autores de México, con el objeto de que el público de habla española se entere, en su propio idioma, de lo que se sabe, se investiga y se conjetura en el dominio de la ciencia.

Para captar el interés de todo el público, esta tarea se debe hacer aquí en forma amena y sencilla, procurando presentar con claridad los conceptos y sin ocultar la dificultad de ciertos temas. Esto constituye un problema considerable, pues adecuar el lenguaje científico a fin de que sea entendido por toda clase de lectores es una labor muy difícil: tal es el desafío que han recogido aquí los científicos de México.

Inscrita en este contexto, nace la serie *La Ciencia desde México* cuyo propósito principal es poner la ciencia al alcance de las mayorías, despertar el interés, cuando no la vocación, de los jóvenes así como imaginación y su espíritu crítico y, sobre todo, dar vigor al pensamiento y la lectura científicos.

FUSIÓN NUCLEAR
POR MEDIO DEL LÁSER

VICENTE ABOITES

FUSIÓN NUCLEAR POR MEDIO DEL LÁSER

sep fce

la
ciencia /135
desde méxico

Primera edición, 1994

PORTADA: Láser *Vulcan* del Laboratorio Rutherford Appleton (Inglaterra). Es de neodimio y proporciona mas de 3 kilojoules en 12 haces de láser y puede funcionar a 1.06, .53 y .35 micrones. Se observa la cámara donde se focalizan los haces láser en microesferas de deuterio y tritio, para realizar estudios de fusión nuclear.

La Ciencia desde México es proyecto y propiedad del Fondo de Cultura Económica, al que pertenecen también sus derechos. Se publica con los auspicios de la Subsecretaría de Educación e Investigación Científica de la SEP y del Consejo Nacional de Ciencia y Tecnología.

ISBN 968-16-4615-0

Impreso en México

A la Universidad Autónoma Metropolitana
y al Laboratorio Rutherford Appleton

INTRODUCCIÓN

Un día en el
Laboratorio
Rutherford Appleton

El trabajo científico en vivo

Estamos en el Laboratorio Rutherford Appleton en Didcot, Inglaterra, a 20 km de Oxford. Es el laboratorio europeo más importante dedicado a la investigación en confinamiento inercial por medio del láser, y su herramienta de trabajo principal es el láser *Vulcan*, de neodimio, que funciona a una longitud de onda de 1.06, 0.53 o 0.35 micrones y es capaz de proporcionar más de 3 kilojoules de energía en pulsos de menos de 1 nanosegundo distribuidos en doce haces.

Son las 7:30 de la mañana y muchos investigadores, todos los estudiantes de doctorado y algunos trabajadores, ya están aquí a pesar de que la entrada oficial es a las 8:30. La presión de trabajo es muy dura, pero igualmente grande es el placer y la satisfacción que la mayoría de ellos encuentra en su labor.

Un experimento con un nuevo tipo de microesfera está en curso en la Sala de Experimentación Número 1. Es necesario verificar si con un nuevo diseño la densidad y la temperatura de implosión máximas alcanzadas son mayores que las obtenidas con modelos previos. Para esto se deberá medir la uniformidad de irradiación láser depositada en la microesfera, la simetría de implosión, la cantidad de neutrones producidos, la energía de los electrones supratérmicos generados, la radiación láser reflejada por procesos no lineales y el perfil de densidad del plasma producido. En la Sala de Experimentación Número 2, que es mucho más pequeña y cuenta con sólo un haz láser, está en marcha un experimento realizado por un grupo de astrofísicos que producen plasmas por medio de un láser con el fin de simular la expansión de los plasmas estelares. Más de 30 investigadores, distribuidos en varios equipos, son responsables de los diversos aspectos de los experimentos en curso.

El grupo más numeroso se encuentra en la Sala Número 1. Los investigadores se mueven como hormigas, encendiendo equipos y verificando una vez más que todo esté listo. Se introduce la microesfera a la cámara de vacío donde será irradiada. Con un láser de argón de muy baja potencia y con la ayuda de circuitos de televisión, cada uno de los doce haces láser se enfoca cuidadosamente sobre la pequeña esfera. Una vez que la microesfera está en posición, todo el instrumental experimental se prepara para el disparo principal del láser de neodimio, que en menos de 1 nanosegundo la convertirá en una intensa fuente de neutrones, rayos X y radiación óptica.

Después de una hora de alineación y verificación, las cámaras ultrarrápidas de rayos X, los detectores de neutrones, los espectrómetros de cristal de rayos X, los sistemas ópticos de detección de uniformidad, así como los monocromadores, los espectrómetros, los interferómetros y los pirómetros ópticos están listos para el experimento. Aunque todos los investigadores hablan inglés, a veces hay que hacer un esfuerzo por comprender el raro acento de los rusos, franceses, japoneses, suecos, alemanes y uno que otro latinoamericano. El entusiasta y brillante doctor Mike Key, director general del laboratorio, después de verificar con su equipo que su espectrómetro de rayos X está listo, entra a la sala de control donde se une a la conversación de un grupo de jóvenes investigadores acerca de las simulaciones computacionales obtenidas. Éstas predicen dos diferentes resultados para el nivel de uniformidad y compresión que el experimento deberá producir. El doctor Key da su opinión: las discrepancias obtenidas en los diferentes modelos computacionales tienen su origen en que no existe aún el modelo teórico apropiado para describir el fenómeno de filamentación en el plasma en expansión. Este fenómeno, dicho sea de paso, fue descubierto por Oswald Willi cuando era estudiante de doctorado en este mismo laboratorio. Oswald escucha el comentario y entre risas, y con su fuerte acento alemán de Austria, les dice que dejen de discutir pues en unos cuantos minutos, cuando el láser sea disparado y sean obtenidos los resultados experimentales, sabrán cuál modelo computacional predice resultados más cercanos a lo que realmente ocurre.

Pronto la sala de control parece una lata de sardinas. Casi todos han abandonado la Sala de Experimentación Número 1 y están a la espera de que el láser sea disparado. El doctor Adrian Cole, cumpliendo una formalidad, toma el micrófono para anunciar por el sistema de altavoces que todo mundo debe abandonar la Sala, pues están listos para disparar el láser. Sin embargo, al encender el amplificador ante la sorpresa y la risa general de la concurrencia, la música de los Beatles inunda la sala. David Bassett, un joven trabajador amante de la música, una vez más dejó desconectado el micrófono y conectada su grabadora al equipo de sonido. Varias personas hablan con los operadores del láser y Justin Wark, joven estudiante de doctorado, los tranquiliza afirmando que pasó toda la noche anterior, junto con el doctor Rumbsy, en el laboratorio instalando su nuevo diseño de oscilador láser para garantizar que el perfil temporal del pulso sea suave y sin picos extraños que perturben los resultados esperados.

Mientras la computadora que controla el láser corre su programa rutinario de verificación, el doctor Héctor Baldis platica con un grupo de colegas sobre los problemas que tuvo en la aduana al salir de Canadá, pues los inspectores insistían en que pasara sus rollos de película fotográfica (especiales para la cámara ultrarrápida de rayos X) por el sistema de detección de armas y explosivos de rayos X del aeropuerto en Toronto. "Todos los pasajeros, antes de abordar el avión, deben hacer pasar sus pertenencias por este detector. Le garantizamos que no dañará sus rollos fotográficos." Esto es lo que el policía aduanal decía mientras Baldis intentaba explicarle que sus rollos fotográficos eran distintos a los de los demás pasajeros, pues los de él *sí* eran sensibles a los rayos X y quedarían dañados si los pasaban a través del sistema de detección. En otro grupo el doctor Tom Hall muestra con satisfacción una copia del *Libro Guinness de Records* donde aparece que la cámara ultrarrápida que construyó es la de mayor velocidad del mundo.

Finalmente se cierra la puerta de la Sala Número 1. La llave es retirada y luego se inserta en el interruptor principal del láser de neodimio que, por razones de seguridad, sólo así puede dispararse. Hay tensión entre todos los presentes que, en silencio, escuchan el zumbido de las alarmas anunciando que el banco principal de capacitores del láser está siendo cargado. Con los ojos fijos en las pantallas de televisión observan las barras de indicación que muestran, en color verde intenso, cómo los capacitores principales de los amplificadores de disco de los doce haces láser se cargan hasta el máximo nivel. Por último, una alarma continua anuncia durante tres segundos el inminente disparo del láser y el fuerte ruido de descarga de los tiratrones confirma que esto ocurrió. En las pantallas de televisión se muestra la energía proporcionada por cada haz y hay alivio al ver que la variación máxima entre los haces no excedió el 5%. Cada equipo de investigación se apresura a extraer los resultados obtenidos por sus instrumentos. La sala de control nuevamente se encuentra repleta pues todos están ansiosos de comparar resultados y verificar la compatibilidad preliminar entre éstos, así como, aunque sólo sea cualitativamente, comparar los resultados experimentales con las predicciones teóricas y las simulaciones computacionales. Si todo marcha bien, durante el día será posible disparar el láser doce o quince veces, y aproximadamente a la una de la tarde (los que tengan tiempo de hacerlo) se dirigirán al restaurante pues es la hora del almuerzo. Ahí, como de costumbre, los franceses se quejarán, entre diálogos científicos y culinarios, que el vino, si es de Burdeos, no se debe servir tan joven y que sería bueno que, aparte del queso camembert hubiera también roquefort. A las 6:00 de la tarde se apaga el láser y entonces es tiempo de ajustar aparatos, limpiar sistemas ópticos, hacer modificaciones a los programas de cómputo y analizar resultados. Finalmente, hacia las 10:00 de la noche casi todos han abandonado el laboratorio y están en algún *pub* de Oxford tomando cerveza oscura, espesa y casi tibia, acompañada de una papa rellena de queso o un trozo de pollo frito con ensalada. Los más románticos, antes de llegar a casa, caminan un poco durante la noche pasando por los alrededores de la Biblioteca Bodleiana para recibir la inspiración que les permitirá interpretar los resultados obtenidos durante el día.

¿DE QUÉ VAMOS A HABLAR?

En este pequeño libro hablaremos de uno de los más fascinantes desafíos científicos de este siglo: cómo obtener la fusión nuclear por medio del láser. El interés al respecto reside en que, si existe una forma de lograrla, proporcionaría al hombre una fuente de energía abundante y prácticamente inagotable. No obstante, para que esto sea posible primero se deberán resolver complejas cuestiones tecnológicas, necesarias para comprender cabalmente los diversos aspectos de la física de la fusión láser.

Como es sabido, la energía nuclear ha sido utilizada por el hombre desde hace varias décadas, en usos civiles y militares: reactores nucleares que suministran electricidad a nuestras ciudades, y bombas de inimaginable poder destructor. Las reacciones nucleares que se producen en los ejemplos anteriores se clasifican como *reacciones de fisión* o *reacciones de fusión*. En las reacciones de fisión los núcleos de los átomos pesados, como el del uranio o el del plutonio, son fraccionados o fisionados dando como resultado átomos más pequeños; mientras que en las reacciones de fusión los núcleos de los átomos ligeros, como el del hidrógeno o el del helio, son unidos o fusionados, produciendo átomos más pesados. En ambos casos se libera energía en la reacción. De hecho, el Sol y todas las demás estrellas producen su energía a partir de reacciones nucleares de fusión.

Las reacciones nucleares de fisión se utilizan hoy en todos los reactores nucleares del mundo. También se emplearon en la construcción de las primeras bombas atómicas, conocidas como *bombas A*, similares a las que lamentablemente fueron detonadas en 1945 sobre las ciudades japonesas de Hiroshima y Nagasaki. En el primer caso que ocurre en un reactor nuclear, se trata de una reacción de fisión controlada, mientras que en el segundo, el de la bomba, se trata de una violenta reacción nuclear de fisión sin control alguno.

Por otra parte, desde la década de los años sesenta se desarrollaron dispositivos que operan con base en las reacciones de fusión. Estos instrumentos son bombas atómicas conocidas como *bombas H*, capaces de liberar mucha más energía que cualquier bomba A. Desde que las bombas H fueron desarrolladas, se abrió también la posibilidad de construir un reactor nuclear de fusión que permitiera hacer uso controlado y pacífico de la abundante energía producida en estas reacciones. Así como los reactores nucleares actuales nos permiten hacer un uso pacífico de las reacciones nucleares de fisión, el problema ahora es construir un reactor nuclear basado en reacciones de fusión. Este planteamiento se muestra esquemáticamente en la figura 1.

A diferencia de un reactor nuclear de fisión (como los usados actualmente), construir un reactor nuclear de fusión tendría varias ventajas: en primer lugar, existe abundante combustible nuclear de fusión de bajo costo; su operación,

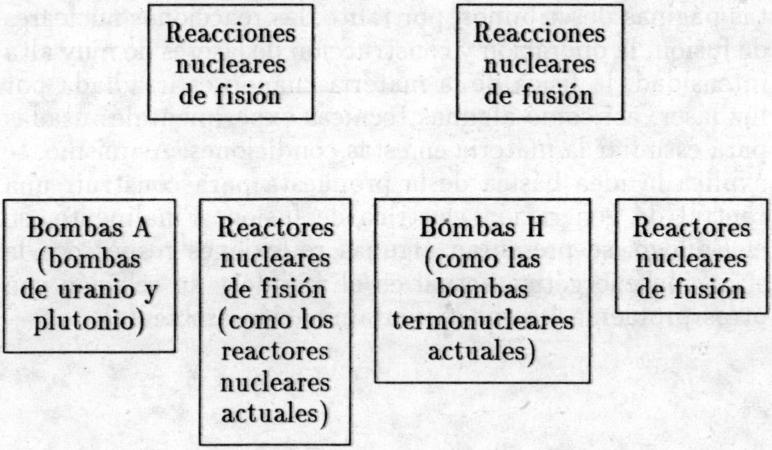

Reacciones nucleares de fisión		Reacciones nucleares de fusión	
Bombas A (bombas de uranio y plutonio)	Reactores nucleares de fisión (como los reactores nucleares actuales)	Bombas H (como las bombas termonucleares actuales)	Reactores nucleares de fusión

Figura 1.

por otro lado, sería más segura y confiable que la de cualquier reactor nuclear convencional actual y, por último, se reduciría sustancialmente el problema de peligrosos desechos radiactivos.

Construir un reactor nuclear de fusión ha resultado ser un problema de inmensa complejidad. Tanto así que, a pesar de que trás varias décadas de trabajo, sólo recientemente se han obtenido resultados satisfactorios. Como consecuencia de las dificultades encontradas, muchos institutos de investigación del mundo que iniciaron de modo individual y "secreto" sus programas de desarrollo de reactores de fusión, al evaluar la magnitud científica y costo del proyecto han terminado por asociarse y constituir grupos multinacionales de investigación, como por ejemplo el Joint European Torous (JET), que conjunta los esfuerzos de varios países europeos.

Existen actualmente varios métodos mediante los cuales se intenta lograr la fusión nuclear controlada. Estos son esencialmente tres: fusión por confinamiento magnético, fusión por haces de partículas y fusión láser. En este libro se exponen las ideas básicas de este último método, basado en el uso de rayos láser de muy alta intensidad. A lo largo de estas páginas describimos, por tanto, las reacciones nucleares de fusión, la operación y construcción de láseres de muy alta intensidad, la física de la materia cuando es irradiada por luz láser, así como algunas técnicas experimentales usadas para estudiar la materia en estas condiciones. Asimismo, se explica la idea básica de la propuesta para construir una central de generación eléctrica de fusión. Finalmente, en el Epílogo, se presentan algunas reflexiones respecto a la situación energética actual en el mundo y su relación con otros problemas, como la contaminación ambiental.

I. Reacciones nucleares

MODELOS ATÓMICOS

De los griegos al siglo XX

UNO de los logros más importantes de la física del siglo XX fue llegar a comprender la estructura atómica de la materia. El deseo por conocer cuáles son los bloques últimos que la constituyen ha acompañado al hombre seguramente desde tiempo inmemorial. Entre los griegos de la antigüedad existió la idea de que el Universo o cosmos que nos rodea surgió de un *caos* original. Pero no fue sino hasta el siglo V a. C. que el filósofo Demócrito propuso la teoría atómica según la cual la materia está constituida en su más íntima escala por partículas indivisibles llamadas *átomos*. De este modo los griegos hablaban, por ejemplo, de *átomos de agua*. Esta primaria teoría atómica evolucionó con el desarrollo científico de la humanidad y ahora sabemos que los átomos de agua de los antiguos griegos son en realidad *moléculas*, esto es, estructuras que a su vez están compuestas por los elementos simples que ahora conocemos como átomos.

En el siglo XVIII, los experimentos realizados por Dalton,

Lavoisier, Cavendish y otros científicos mostraron claramente la existencia de átomos y moléculas pero no fue sino hasta el siglo XIX que los estudios de electrólisis realizados por Faraday dieron evidencia de la naturaleza atómica de la electricidad. Posteriormente Thomson, al estudiar la conducción de la electricidad a través de gases rarificados, descubre los *rayos catódicos* y muestra que éstos están compuestos por partículas con carga eléctrica negativa que llamó *electrones*. Este fue un descubrimiento muy importante, pues mostró conclusivamente que los átomos contienen electrones, de lo cual se infiere que los átomos tienen de alguna manera una estructura interna.

El primer modelo moderno de un átomo fue propuesto por Thomson en 1907. De acuerdo con él, el átomo es una nube o pasta de carga positiva —requerida para equilibrar la carga negativa de los electrones, pues en total los átomos son neutros— que contiene a los electrones libremente en su interior en forma similar a un pastel con pasas, como de hecho se llegó a conocer ese modelo. No obstante, experimentos realizados por Rutherford en 1911 mostraron que la carga positiva del átomo no se encuentra uniformemente distribuida como Thomson supuso en su modelo, sino concentrada en un punto llamado *núcleo*, alrededor del cual giran los electrones. El modelo atómico de Rutherford explicaba algunos resultados experimentales observados, pero entró en conflicto con la teoría electromagnética clásica, que predice que toda partícula con carga eléctrica en movimiento acelerado debe radiar energía en forma de ondas electromagnéticas. Debido a que un electrón que se mueve en sentido circular uniforme está sometido a una aceleración —pues aunque no cambia la *magnitud* de la velocidad cambia constantemente su *dirección*— éste radiará energía. Por tanto, el modelo de Rutherford predice que los átomos son inestables pues cada electrón, al girar alrededor del núcleo, radiará su energía y se colapsará hacia el núcleo atómico siguiendo una trayectoria espiral en un proceso que toma sólo una cién millonésima de segundo. Es decir que, ¡el Universo tal como lo conocemos no existiría!

La solución a este problema fue dada por el físico danés Niels Bohr en 1913. El modelo atómico de Bohr propone que los electrones únicamente pueden girar alrededor del núcleo en ciertas órbitas estables y que el pasar de una órbita estable a otra requiere del intercambio de cantidades cuantizadas de energía. Este modelo tuvo gran éxito pues sus predicciones coinciden con las observaciones espectroscópicas del hidrógeno estudiadas por varios científicos como Balmer, Lyman y otros. Es decir, con su modelo Bohr no sólo explicó la estabilidad atómica sino que, tomando en cuenta las transiciones electrónicas entre las órbitas estables permitidas, pudo dar una base teórica a las observaciones espectroscópicas conocidas.

Posteriormente Heisenberg, Schrödinger, Born y otros científicos desarrollaron una herramienta teórica muy poderosa conocida como *mecánica cuántica*, con la cual es posible describir los procesos que ocurren a nivel atómico y subnuclear. Una asombrosa consecuencia de esta teoría es que establece un límite preciso a lo que podemos saber de un sistema cuántico. En particular, en el mundo cuántico no podremos conocer jamás la posición exacta de una partícula o de su energía. Por tanto, hablar de órbitas electrónicas como Bohr hizo, es rigurosamente incorrecto.

En 1932 Chadwick demuestra que el núcleo atómico no sólo contiene partículas positivas llamadas *protones*, sino también partículas neutras llamadas *neutrones*. Ahora sabemos que protones y neutrones están constituidos a su vez por partículas más pequeñas conocidas como *cuarks* y nuestra idea del átomo difiere considerablemente de lo que inicialmente Bohr y sus contemporáneos imaginaron. Sin embargo, para nuestros propósitos es suficiente detenernos aquí. Por simplicidad, a lo largo de este libro haremos uso únicamente de modelos atómicos basados en el modelo de Bohr.

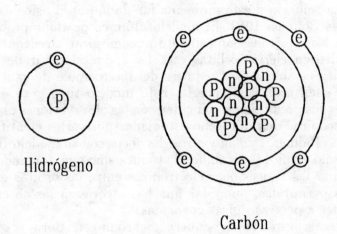

Hidrógeno

Carbón

Figura I.1.

ESTRUCTURA ATÓMICA

Átomo = núcleo + electrones

Como hemos visto de modo elemental, podemos considerar que todo átomo está compuesto de un núcleo alrededor del cual giran electrones en forma similar a un microscópico sistema planetario. A su vez los núcleos están formados por protones y neutrones. Los protones tienen carga eléctrica positiva, los electrones carga negativa y los neutrones son partículas sin carga.

El mundo macroscópico material que nos rodea es eléctricamente neutro; esto se debe a que en todo átomo el número de electrones coincide con el de protones. La figura I.1 muestra esquemáticamente un átomo de hidrógeno y uno de carbono. Esta figura —y algunas más de este libro— sólo pretende representar la cantidad de partículas que constituyen cada átomo y ¡de ningún modo deberán considerarse representaciones exactas! Es importante señalar que

CUADRO I.1.

$_{1}^{1}$H	$\longrightarrow$	hidrógeno
$_{2}^{4}$He	$\longrightarrow$	helio
$_{5}^{11}$B	$\longrightarrow$	boro
$_{6}^{12}$C	$\longrightarrow$	carbono

las órbitas electrónicas son tridimensionales, pero por simplicidad las representaremos como círculos en un plano. También debemos mencionar el hecho de que los protones y los neutrones tienen una masa aproximadamente 1840 veces mayor que la masa de los electrones, aunque sus masas difieren un poco. El átomo de hidrógeno es el elemento más simple, compuesto únicamente por un electrón y un protón, mientras que un átomo de carbono es mucho más complejo pues lo forman seis protones, seis neutrones y seis electrones, como se indica en la figura I.1.

Para hacer referencia a un átomo se emplean generalmente dos números que son: el número atómico Z, que es el número de protones del átomo, y el número de masa A que es el número total de protones y neutrones del átomo. Estas dos últimas partículas en general son conocidas como "nucleones". El cuadro I.1 muestra algunos átomos indicando sus números atómicos, de masa y su símbolo atómico. Por ejemplo, ahí vemos que el boro se representa por la letra B teniendo por subíndice el número atómico $Z = 5$, y por supraíndice el número de masa $A = 11$; así observamos que el número de neutrones en un núcleo de boro es $A - Z = 6$.

Así como nuestro sistema planetario está en equilibrio debido a las fuerzas gravitacionales de atracción entre el Sol y los planetas, en un átomo el equilibrio depende de las fuerzas electrostáticas atractivas entre el núcleo, que tiene carga eléctrica positiva, y los electrones, que tienen carga eléctrica negativa.

El pegamento de los núcleos

Dado que las cargas eléctricas de signos opuestos se atraen y que las de signos iguales se repelen, una pregunta lógica es: ¿cómo pueden existir átomos con más de un protón en su núcleo? Debido a la repulsión electrostática entre los protones tales núcleos no podrían existir, pues sus núcleos se desintegrarían debido a la fuerte repulsión electrostática. No obstante, la experiencia nos muestra que núcleos con más de un protón existen y son estables. Además, resulta obvio que el mundo material que nos rodea es estable.

La respuesta a la interrogante anterior es que los núcleos de los átomos del Universo son estables debido a que existe otra fuerza, diferente y mucho más intensa que la fuerza electrostática de repulsión entre los protones: la fuerza nuclear. Las fuerzas nucleares son fuerzas atractivas muy intensas y de muy corto alcance pues su radio de acción se limita a los confines del propio núcleo atómico; es decir, esta intensa fuerza atractiva actúa solamente a distancias menores de 10^{-15} metros (el diámetro característico de un núcleo atómico). Las fuerzas nucleares son las que mantienen unidos a los protones y demás nucleones que constituyen los núcleos atómicos. Estas fuerzas son aproximadamente 137 veces más fuertes que las fuerzas electrostáticas; sin embargo, como ya se ha dicho, tienen un alcance muy corto. Por tanto, si colocamos dos protones a una distancia mayor de 10^{-15} metros, una fuerza electrostática repulsiva actuará entre éstos y se alejarán uno del otro. Pero si colocamos dos protones a una distancia menor de 10^{-15} metros, estas partículas permanecerán unidas debido a la enorme fuerza nuclear atractiva. Las situaciones descritas se ilustran en la figura I.2.

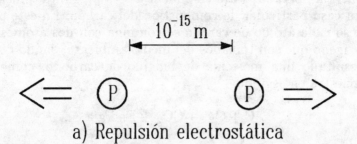

a) Repulsión electrostática

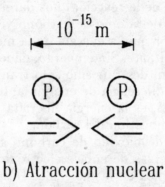

b) Atracción nuclear

Figura I.2.

REACCIONES NUCLEARES
CONTRA
REACCIONES QUÍMICAS

Gigantes vs. *enanos*

Cuando quemamos carbón, gasolina, madera, o bien cuando hacemos que explote pólvora o dinamita, liberamos energía. Una pregunta cuya respuesta es muy importante para nuestros objetivos es: ¿en estos ejemplos de dónde procede la energía liberada? Para responder a esta pregunta tomemos un caso particular: la combustión del carbón. En este proceso cada átomo de carbón se combina con dos átomos de oxígeno que son tomados del medio ambiente, dando como resultado una molécula de bióxido de carbono, como se muestra en seguida:

$$C + O_2 \rightarrow CO_2 + \text{Energía}$$

Es importante notar que, en sí mismos, los núcleos de los átomos de carbono y de oxígeno no sufren ninguna alteración en la reacción. Si ahora calculamos la energía total antes y después de la reacción, nos daremos cuenta de que la energía total del átomo de carbono y de la molécula de oxígeno es mayor que la energía de la molécula de bióxido de carbono resultante. Sin embargo, dado que la energía no se puede crear ni destruir sino sólo transformar, podemos concluir que la diferencia de energía antes y después de la reacción química, es la energía liberada en forma de calor al ocurrir la combustión del carbón.

La molécula de bióxido de carbono se mantiene unida debido a las fuerzas de enlace electrónico que existen entre los tres átomos de la molécula. Después de ocurrir la reacción química, los electrones que inicialmente giraban en torno de los núcleos de los átomos originales, describen complicadas trayectorias alrededor de los tres núcleos de la molécula de bióxido de carbono que se formó, manteniendo así su unidad.

Debemos destacar una vez más que en cualquier reacción química la estructura interna de los núcleos de los átomos participantes no se modifica en absoluto. Como veremos en seguida, los núcleos de los átomos que intervienen en la reacción sólo se modifican cuando ocurren reacciones nucleares; en las reacciones químicas los núcleos no cambian.

Por otra parte, también se sabe que las fuerzas nucleares que mantienen unidas a las partículas que constituyen un núcleo (protones y neutrones) son millones de veces más intensas que las fuerzas que mantienen unidos a unos átomos con otros dentro de una molécula. Dicho esto, no debe parecer extraño que la energía liberada al romper o modificar un núcleo atómico sea fabulosa, pues ésta procede de fuerzas también fabulosas.

EL ORIGEN DE LA ENERGÍA NUCLEAR

$2 + 2$ *no siempre suman* 4

Seguramente para el lector no es extraña la famosa ecuación descubierta por Albert Einstein que relaciona la masa y la energía:

$$E = mc^2$$

la constante c es la velocidad de la luz (que tiene el gigantesco valor de 3×10^8 metros/segundo). Esta ecuación nos muestra la equivalencia entre masa y energía. Por ejemplo, si se pudieran convertir totalmente en energía 500 kilogramos de masa obtendríamos 4.5×10^{19} joule, que corresponde a un consumo de 1.42×10^{12} watt-año lo cual es aproximadamente un décimo del consumo anual total de energía en el mundo. Desgraciadamente no es posible convertir íntegramente una cantidad de masa dada en energía debido a que existe un principio de conservación en física nuclear conocido como principio de conservación del número bariónico. Los *bariones* son partículas pesadas, como por ejemplo los protones y los neutrones. Este principio implica que en toda reacción nuclear el número de bariones inicial y final debe ser el mismo. Por ejemplo, la figura I.3 ilustra una reacción nuclear de fusión en la cual un átomo de deuterio y uno de tritio se combinan para producir un átomo de helio, un neutrón y liberar $17.58\,\text{MeV}$ ($1\,\text{eV} = 1.6 \times 10^{-19}$ joule) de energía. Nos damos cuenta que antes y después de la reacción tenemos la participación total de tres neutrones y de dos protones. Pero entonces ¿cuál fue la masa que se convirtió en energía? La respuesta a esta pregunta

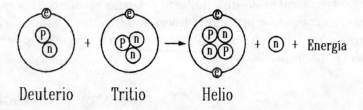

Deuterio   Tritio   Helio

Figura I.3.

es clara en tanto nos damos cuenta que el tener una estructura nuclear también requiere de cierta energía. Es decir, hay que pensar que una estructura nuclear no sólo es la adición de varias partículas sino que, además, su energía es la suma de las energías de las partículas individuales más la energía que requieren para constituir una estructura. Por ejemplo: un electrón, un neutrón y un protón pueden constituir un átomo de hidrógeno más un protón libre o un átomo de deuterio. Esto se muestra en la figura I.4. Sin embargo, la masa de un átomo de deuterio es de 2.014102 u $(1\,u = 1.6604 \times 10^{-27}$ kg), mientras que la masa de un átomo de hidrógeno más la de un neutrón es:

MASA (hidrógeno) + MASA (neutrón) = 1.007825 u + 1.008665 u

$$= 2.016490\,u$$

que es ¡0.002388 u mayor! A esta diferencia se le conoce como *defecto de masa* y esta masa, que tiene su origen en la energía nuclear *de enlace* entre las partículas, es la que se libera en una reacción nuclear. Así, tenemos que 0.002388 u = 2.23 MeV; por tanto, cuando un núcleo del átomo de deuterio (llamado deuterón) se forma a partir de un protón libre y un neutrón, se liberan 2.23 MeV. Inversamente, hay que proporcionar 2.23 MeV para obtener un protón y un neutrón a partir de un deuterón.

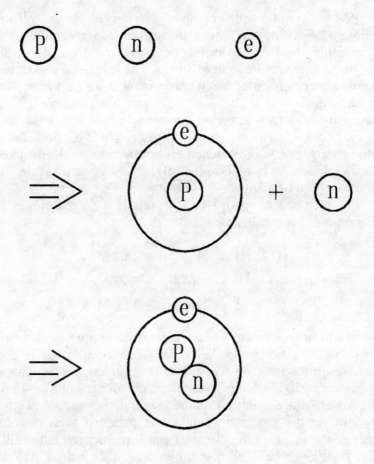

Figura I.4.

REACCIONES DE FISIÓN Y DE FUSIÓN

Rompiendo y pegando átomos

Una reacción nuclear de fisión característica, como la que ocurre en muchos reactores nucleares, es:

$$_{92}^{235}U + n \rightarrow {}_{56}^{141}Ba + {}_{36}^{92}Kr + 3n + \text{Energía}$$

Podemos notar que, como consecuencia de la colisión con un neutrón, un átomo de uranio 235 reacciona descomponiéndose en un átomo de bario, y en un átomo de kriptón más tres neutrones libres. A su vez, los neutrones resultantes pueden ocasionar más reacciones similares para mantener lo que se llama una "reacción en cadena". Nuevamente podemos apreciar que se satisface la ley de conservación de bariones, pues el número total de protones y de neutrones que intervienen en la reacción es el mismo en ambos lados de la reacción mostrada; hay un total de 236 bariones participantes.

Por otra parte, ejemplos característicos de reacciones de fusión son los siguientes:

$$^2_1D + {}^2_1D \rightarrow {}^3_1T + {}^1_1H + 4.03\,\text{MeV}$$

$$^2_1D + {}^2_1D \rightarrow {}^3_2He + n + 3.27\,\text{MeV}$$

$$^2_1D + {}^3_1T \rightarrow {}^4_2He + n + 17.6\,\text{MeV}$$

Como anteriormente se mencionó, para que ocurra una reacción de fisión como la mostrada, se requiere de la presencia de un neutrón que inicie la reacción. Sin embargo, ¿qué condiciones deben darse para que ocurra una reacción de fusión? Para producir una reacción de fusión, como cualquiera de las mostradas, debemos primero acercar a los núcleos reactantes lo suficiente para que actúen entre ellos las fuerzas nucleares (que sabemos son de muy corto alcance) y pueda de este modo ocurrir la reacción de fusión. Acercar los núcleos es difícil debido a que existe una fuerte repulsión electrostática entre estos. Este fenómeno se puede ver claramente en la figura I.5, a gran distancia prácticamente no hay fuerza entre éstos, sin embargo al acercarlos empieza a crecer la fuerza electrostática de repulsión, hasta que llegamos a una distancia R a partir de la cual empiezan a actuar las fuerzas nucleares que son fuertemente atractivas.

Por tanto, si deseamos que existan reacciones de fusión hay que proporcionar a las partículas reactantes suficiente

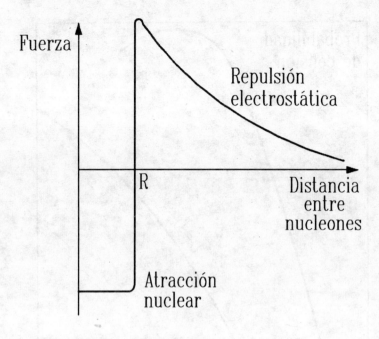

Figura I.5.

energía para que puedan sobrepasar la repulsión electrostática y acercarse lo suficiente como para llegar a la región donde actúan las fuerzas nucleares. El proporcionar esta energía es un grave problema pues requiere aumentar la temperatura de las partículas reactantes a 50 o 100 millones de grados. Por ejemplo, para lograr que una bomba H de fusión explote es necesario primero "calentar" el combustible nuclear de fusión a los 50 o 100 millones de grados requeridos, lo cual sólo puede hacerse detonando primero una bomba A de fisión. Es decir, ¡el detonador de la bomba H es una bomba A!

Por otra parte, para lograr que las reacciones de fusión ocurran de modo eficiente también es necesario alcanzar una concentración mínima de partículas durante un tiempo suficientemente largo. Esta última condición se conoce como el *criterio de Lawson*, el cual establece que el producto de la densidad (partículas por unidad de volumen) y del

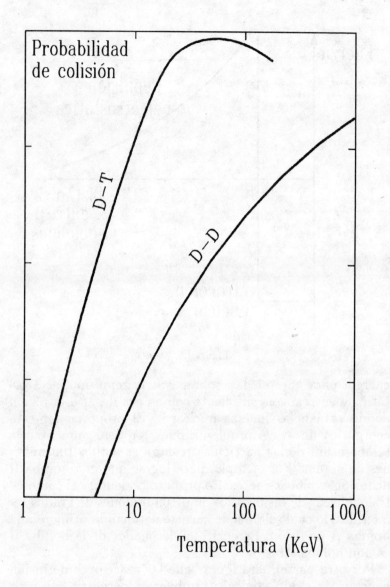

Figura I.6.

tiempo de confinamiento (medido en segundos) debe exceder un valor de 10^{14} (partículas/segundo cm^3) para reacciones de deuterio–tritio, y de 10^{16} (partículas/segundo cm^3) para reacciones de deuterio–deuterio. El hecho de que sea más difícil lograr reacciones de fusión en mezclas de deuterio–deuterio lo podemos ver en la figura I.6, donde en el eje vertical se muestra la probabilidad de colisión por unidad de tiempo entre los núcleos, y en el eje horizontal la temperatura a la que se encuentran. Podemos notar que para una misma temperatura se obtienen más reacciones entre núcleos de deuterio–tritio que entre deuterio–deuterio. Debido a esto todos los intentos actuales de fusión están basados en la reacción entre deuterio y tritio.

EL PLASMA
TERMONUCLEAR

El caldo de la fusión

Cualquiera sustancia que se calienta a una temperatura de 50 o 100 millones de grados se convierte en lo que llamamos plasma. Es decir, se vuelve una sustancia compuesta esencialmente por núcleos y electrones libres. El plasma se conoce también como el *cuarto estado de la materia*, donde el primero, segundo y tercero estados son, respectivamente: el estado sólido, el líquido y el gaseoso.

Para comprender qué es una plasma imaginemos una barra de plomo. Inicialmente la barra se encuentra en estado sólido, lo cual significa que sus átomos constituyentes están atados a posiciones fijas alrededor de las cuales sólo pueden vibrar ligeramente. Si la calentamos proporcionamos energía a los átomos de la barra y la magnitud de las vibraciones aumentará hasta llegar a una *transición de fase* en la cual la barra de plomo se funde, quedando líquida. Si en este estado líquido continuamos proporcionando energía (calentando aún más), los átomos de plomo finalmente adquirirán tanta energía que dejarán de formar un plomo líquido para constituir un gas de átomos de plomo. Finalmente, si en el estado gaseoso continuamos

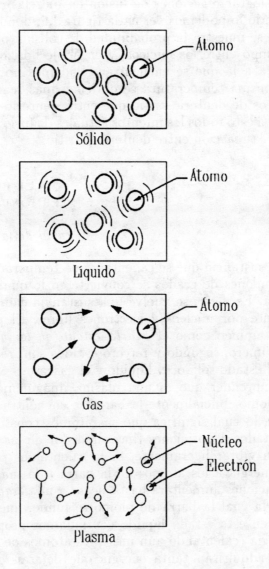

Figura I.7.

proporcionando energía a los átomos del gas, los electrones de éstos saldrán de sus órbitas atómicas y terminaremos con un gas formado por núcleos y electrones libres; esto es lo que llamamos plasma. Todo ello se muestra esquemáticamente en la figura I.7.

Podemos resumir la idea diciendo que, para obtener reacciones nucleares de fusión requerimos de la presencia de un plasma a una temperatura de 50 a 100 millones de grados, donde se satisfaga el *criterio de Lawson*.

EL PROBLEMA DEL CONFINAMIENTO

El problema de la cazuela

Ya sabemos qué condiciones se deben reunir para lograr reacciones de fusión. El problema que ahora tenemos es: ¿dónde vamos a poder guardar un plasma que se encuentra a 50 o 100 millones de grados? Ningún recipiente podría contener una sustancia a esa temperatura; por tanto, es necesario buscar opciones adecuadas. Principalmente se han estudiado dos soluciones a este problema que son: el confinamiento magnético y el confinamiento inercial.

El primero consiste en confinar el plasma en el espacio interior de un toroide (figura similar a una dona) por medio de campos magnéticos. Esto se hace en instrumentos conocidos como Tokamaks. De este modo los campos magnéticos forman una "cobija" que separa el plasma de alta temperatura de las paredes metálicas del toroide. La figura I.8 muestra el esquema básico de un Tokamak. Estos dispositivos pueden contener plasma de muy baja densidad a las temperaturas requeridas durante *largos* tiempos (alrededor de un segundo).

Por otra parte, el confinamiento inercial consiste en producir el plasma termonuclear utilizando láseres o haces de partículas que son enfocados en esferas microscópicas (de aproximadamente un milímetro de diámetro) que contienen

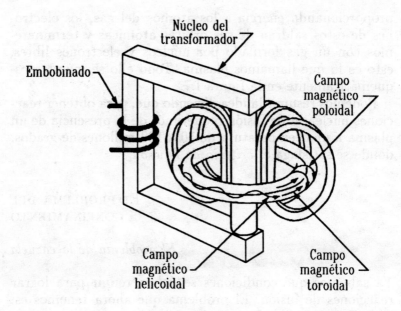

Embobinado

Núcleo del
transformador

Campo
magnético
poloidal

Campo
magnético
helicoidal

Campo
magnético
toroidal

Figura I.8.

el combustible fusionable. Esto se muestra esquemáticamente en la figura I.9. Así, se pueden producir y contener plasmas de muy alta densidad a las temperaturas requeridas durante *cortos* tiempos (de alrededor de cien millonésimas de segundo). El nombre de *confinamiento inercial* aplicado a este método es debido a lo siguiente. La primera ley de Newton (que también se conoce como *principio de inercia* y que originalmente fue propuesto por Galileo), establece que: todo cuerpo en reposo, o movimiento uniforme no acelerado, permanece en ese estado a menos de que sea perturbado por alguna fuerza externa. Por tanto, debido a que la fuerza producida por el haz láser es *simétrica* (en todas direcciones alrededor de la esfera) éste no ejerce fuerza neta resultante en la microesfera. Por otra parte, el peso de la esfera es tan pequeño que durante el breve lapso en que es irradiada por el láser, ésta prácticamente no tiene tiempo de caer, y para cualquier fin práctico podemos considerarla inmóvil. Es decir, que durante las millonésimas

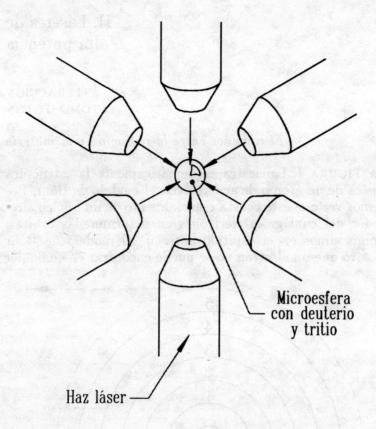

Microesfera
con deuterio
y tritio

Haz láser

Figura I.9.

de segundo en que el proceso de irradiación láser ocurre, la microesfera, por su propia inercia, permanece inmóvil y es así como en ese breve instante el plasma es confinado. En este libro nos centramos en la descripción del confinamiento inercial haciendo uso de láseres.

II. Láseres de alta potencia

INTERACCIÓN ÁTOMO–FOTÓN

El romance entre la radiación y la materia

LA FIGURA II.1 muestra esquemáticamente la estructura básica de un átomo de acuerdo con el modelo de Bohr. Podemos ver que éste consta esencialmente de un núcleo alrededor del cual giran electrones en determinadas órbitas. Como vimos en el capítulo anterior, el modelo de Bohr mostró que un electrón no se puede encontrar en cualquier

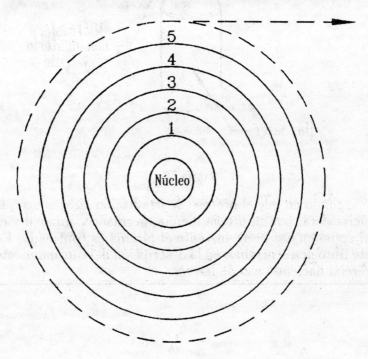

Figura II.1.

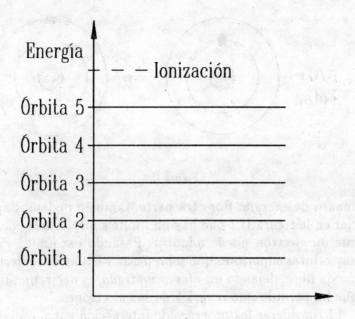

Figura II.2.

órbita alrededor de un núcleo, sino sólo alrededor de determinadas órbitas estables y que los intercambios de energía son cuantizados. Además de esto, la energía de un electrón en una órbita se incrementa entre mayor sea la órbita en que se encuentra. De este modo, en la figura II.2 se muestra la energía correspondiente a cada una de las órbitas mostradas en la figura II.1. Podemos notar que la órbita de menor energía es la primera órbita; cuando el átomo se encuentra en esta situación decimos que se encuentra en su *estado base* o estado de menor energía. Debido a la diferencia de energía entre cada órbita tenemos que, para pasar de una órbita inferior a una superior (por ejemplo, de la segunda a la tercera órbita), se debe recibir un cuanto de energía, es decir, una cantidad de energía exactamente igual a la diferencia de energía entre esas dos órbitas; mientras que si se pasa de una órbita superior a una inferior (por ejemplo, de la cuarta a la tercera órbita), el átomo debe emitir un

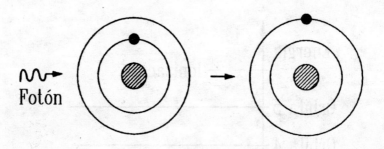

Fotón

Figura II.3.

cuanto de energía. Por otra parte, también podemos apreciar en la figura II.1 que hay un límite superior a la energía que un electrón puede adquirir. Pasando ese límite ya no hay órbitas superiores que sobrepasar y entonces el electrón queda libre, dejando un *átomo ionizado*, es decir, un átomo que ha perdido uno o varios de sus electrones.

El considerar los procesos de interacción entre radiación electromagnética y materia en su más pequeña escala se reduce a estudiar la interacción entre cuantos de energía y átomos. Estos cuantos de energía también se conocen como *fotones*. Por simplicidad consideraremos átomos con sólo dos niveles de energía: uno inferior de energía E_1 y uno superior de energía E_2.

La figura II.3 muestra el proceso de *absorción* en el cual un fotón incide en un átomo que inicialmente se encuentra en su estado base o no excitado. En este caso, y suponiendo que la energía del fotón sea idéntica a la diferencia de energía entre los dos niveles del átomo (lo cual siempre supondremos), tenemos como resultado que éste absorbe la energía del fotón incidente, pasando por tanto de su estado base a su estado excitado de mayor energía.

La figura II.4 muestra el proceso de *emisión*. En este caso un átomo inicialmente excitado de manera espontánea pasa a un estado de menor energía, emitiendo en el proceso un fotón con energía igual a la diferencia de energía entre los

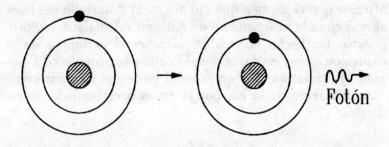

Figura II.4.

dos niveles. El fotón se emite en una dirección totalmente arbitraria.

La figura II.5 muestra el proceso de *emisión estimulada*, cuya existencia fue propuesta por Albert Einstein en 1917, y es el proceso fundamental gracias al cual existe el láser. En este proceso se tiene la interacción entre un fotón y un átomo que inicialmente se encuentra en un estado excitado. Como resultado de esta interacción el átomo pasa a su estado base, emitiendo en el proceso un fotón que tiene las mismas características de dirección y de fase que el fotón inicial. Cuando esto último ocurre decimos que la radiación electromagnética resultante es coherente. Es importante notar que en este proceso está ocurriendo realmente un proceso de *amplificación* de fotones, pues inicialmente tenemos sólo un fotón y después del proceso de emisión estimulada tenemos como resultado dos fotones. Podemos

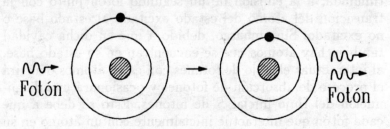

Figura II.5.

afirmar que el germen que dio origen al desarrollo del láser surgió cuando el fenómeno de emisión estimulada fue propuesto. De hecho la palabra *láser* es el acrónimo de la expresión en inglés: *Light Amplification by Stimulated Emission of Radiation*, que en español podemos traducir como "amplificación de la luz por la emisión estimulada de radiación".

ABSORCIÓN Y AMPLIFICACIÓN ÓPTICA

De la creación y aniquilación de fotones

Debemos ahora considerar la interacción no entre un átomo y un fotón, sino entre una gran cantidad de fotones y un gran número de átomos desde una perspectiva más real. La figura II.6 muestra una cavidad en la que se encuentran N átomos de los cuales una cantidad N_2 son átomos que están en su estado excitado y N_1 son átomos que se encuentran en su estado base o no excitado. Al propagarse un flujo S de fotones a través de la cavidad y entrar en interacción con átomos que están excitados, ocurrirá el proceso de emisión estimulada. Como hemos visto, este proceso traerá como consecuencia la amplificación del flujo inicial de fotones S. Esto se debe a que, como ya sabemos, cada fotón de flujo incidente que interactúe con un átomo inicialmente excitado dará origen, por medio del proceso de emisión estimulada, a la emisión de un segundo fotón junto con la transición del átomo del estado excitado al estado base o no excitado. Sin embargo, debido a que en dicha cavidad también hay átomos que se encuentran en su estado base, al interactuar el flujo de fotones con estos átomos ocurrirá el proceso de absorción de fotones y ocasionará una disminución del flujo inicial S de fotones. Esto se debe a que cada fotón que interactúe inicialmente con un átomo en su estado base, será absorbido por dicho átomo y éste pasará a un estado excitado.

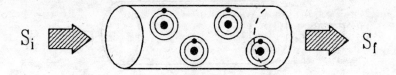

Figura II.6.

En la práctica debemos considerar simultáneamente los procesos de emisión y de absorción. El primero tiende a amplificar el flujo incidente dependiendo de la cantidad de átomos que se encuentren en el nivel superior N_2, mientras que el segundo tiende a disminuir el flujo incidente dependiendo de la cantidad de átomos que se encuentren en el nivel base N_1. Al considerar de manera simultánea los dos procesos, el resultado final depende de la cantidad de átomos que se encuentran tanto en el estado excitado como en el estado base. Si estas cantidades son iguales, tendremos entonces que, en promedio, la amplificación y la absorción que sufre el pulso inicial son iguales, y por tanto el flujo final no será ni mayor ni menor que el flujo de fotones inicialmente incidente. Esto es, si

$$N_2 = N_1,$$

el cambio neto del flujo de fotones es cero, es decir, la cantidad de fotones que sale de la cavidad cilíndrica mostrada en la figura II.6 es la misma que la que entró.

Por otra parte, si el número de átomos excitados N_2 que hay en la cavidad es menor que el número de átomos en su estado base N_1, el resultado promedio total será de una reducción del flujo inicial de fotones. Esto es, si

$$N_2 < N_1,$$

el flujo inicial de fotones será absorbido. Ello implica que a lo largo de su propagación por la cavidad cilíndrica mostrada en la figura II.6, el flujo inicial de fotones disminuye como se muestra en la figura II.7.

Figura II.7.

Finalmente, si el número de átomos excitados N_2 que hay en la cavidad es mayor que el número de átomos en estado base N_1, el resultado promedio total será de un incremento al flujo inicial de fotones. Es decir, si

$$N_2 > N_1,$$

el flujo inicial de fotones se incrementará a lo largo de su propagación por la cavidad cilíndrica mostrada en la figura II.6. El flujo de fotones es entonces ampliado por el medio, como se muestra en la figura II.8.

AMPLIFICADORES ÓPTICOS

La reproducción fotónica

Con lo antes mencionado podemos ahora comprender la operación de un *amplificador óptico*, también conocido como *amplificador láser*. Este es un sistema que proporciona a la salida un flujo final de fotones S_f mayor que el flujo inicial S_i. Dichos amplificadores ópticos generalmente tienen

Figura II.8.

un aspecto similar al mostrado en la figura II.6, es decir, cilíndrico. Por un extremo entra un flujo inicial de fotones y por otro sale el flujo final de fotones amplificado.

Como vimos en la sección anterior, la condición necesaria para tener amplificación del flujo inicial de fotones S_i, es que el número de átomos excitados N_2 que se encuentra en la cavidad amplificadora sea mayor que el número de átomos que se encuentra en su estado base N_1. La condición anterior se conoce como *inversión de población* y el problema central para la realización práctica de un amplificador óptico está en cómo lograrla. Es decir, el problema es conseguir que la mayoría de los átomos que se encuentra en la cavidad amplificadora pase de su estado base, que es el estado normal en que cualquier átomo se encuentra cuando no es perturbado, a un estado excitado.

Para lograr dicha inversión de población es necesario algún dispositivo que proporcione la energía que los átomos de la cavidad amplificadora requieren para pasar de su estado base a un estado excitado. Este dispositivo recibe el nombre de *sistema de bombeo* y puede ser de varios tipos, aunque los más usuales son de tipo óptico o de tipo eléctrico.

Lo que se tiene en el caso de un sistema de bombeo de tipo óptico es la cavidad amplificadora circundada por una o varias lámparas luminosas de destello *flash* muy potentes. Al ser disparadas dichas lámparas, los fotones que emiten son absorbidos por los átomos de la cavidad amplificadora, los cuales pasan de su estado base a un estado excitado. Con ello se logra la inversión de población. La figura II.9 muestra la sección transversal de dos posibles arreglos para colocar las lámparas *flash* en un amplificador bombeado ópticamente.

En un sistema de bombeo de tipo eléctrico se produce una intensa descarga eléctrica en los átomos que se encuentran en la cavidad amplificadora. De este modo, los energéticos electrones de la descarga transfieren parte de su energía por colisiones electrón–átomo a los átomos contenidos en la cavidad, logrando que éstos pasen de su estado base a uno

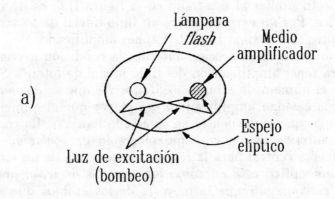

a)

Lámpara *flash*

Medio amplificador

Luz de excitación (bombeo)

Espejo elíptico

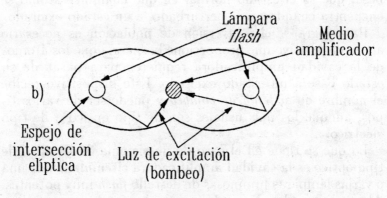

b)

Lámpara *flash*

Medio amplificador

Espejo de intersección elíptica

Luz de excitación (bombeo)

Figura II.9.

excitado. Así se da la inversión de población. La figura II.10 muestra la sección transversal de un amplificador óptico bombeado eléctricamente, usando un cañón de electrones.

Para amplificar un pulso de luz usando un amplificador óptico dotado de un sistema de bombeo óptico o eléctrico, se sincroniza el paso del pulso de luz con el disparo del sistema de bombeo. Es importante que estos dos hechos estén perfectamente sincronizados, pues si el sistema de bombeo se dispara antes o después de que llegue el pulso de luz al amplificador, este pulso no será amplificado. La figura II.11

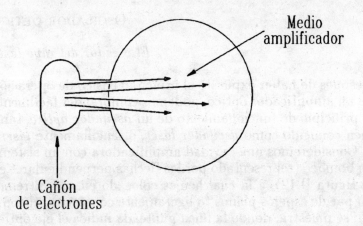

Medio amplificador

Cañón de electrones

Figura II.10.

muestra la simulación computacional de la amplificación de un pulso de luz que pasa a través de un amplificador óptico. Pueden observarse el pulso inicial y el pulso final amplificado.

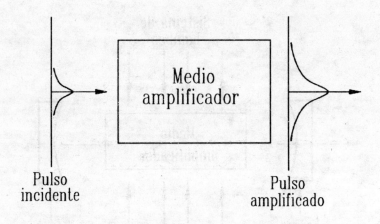

Medio amplificador

Pulso incidente

Pulso amplificado

Figura II.11.

Oscilador óptico

El creador del rayo láser

Después de haber expuesto el principio básico de operación de un amplificador óptico, podemos comprender fácilmente el principio de funcionamiento de un *oscilador óptico*, también conocido como *oscilador láser*, o sencillamente *láser*.

Consideremos una cavidad amplificadora con un sistema de bombeo (representado por las flechas perpendiculares en la figura II.12), a la cual hemos colocado en sus extremos un par de espejos planos (o ligeramente cóncavos) tal como ahí se muestra, donde la línea punteada indica el eje óptico del sistema. Este par de espejos paralelos recibe el nombre de *resonador óptico*. Uno de los espejos del resonador es casi 100% reflejante, y el otro tiene una reflectancia que es de manera característica de alrededor de 90 por ciento.

Para comprender qué función tiene el resonador óptico nos remitiremos a la figura II.13, la cual muestra al oscilador óptico inmediatamente después de que el sistema de

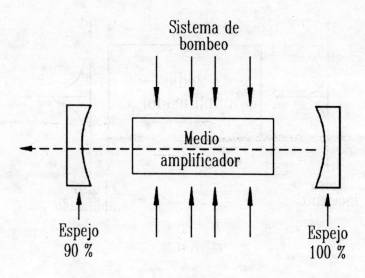

Figura II.12.

46

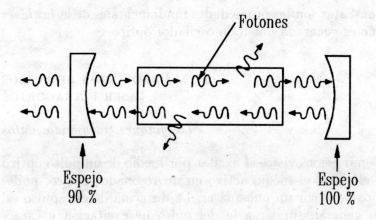

Figura II.13.

bombeo fue disparado. Cualquier fotón que sea emitido en una dirección diferente de la definida por el eje óptico del resonador óptico se perderá, mientras que cualquier fotón emitido a lo largo del eje óptico del oscilador será amplificado por el proceso de emisión estimulada. Inmediatamente se generará un enorme flujo de fotones confinados por el resonador óptico, que se propagarán a lo largo del eje óptico. Si el resonador óptico no estuviera allí, después de disparar el sistema de bombeo los átomos que fueron excitados pasarían a su estado base debido al proceso de emisión espontánea, emitiendo fotones en todas direcciones y perdiendo la energía recibida por el sistema de bombeo.

La presencia del resonador óptico nos permite extraer de modo eficiente la energía que el sistema de bombeo ha depositado en los átomos contenidos en la cavidad amplificadora. Debido a que uno de los espejos del resonador tiene reflectancia de 90%, el 10% de los fotones que incide allí será trasmitido fuera del resonador óptico, formando un haz de luz *muy intenso*, que además es *monocromático* (formado por fotones de idéntica energía), *coherente* (pues todos sus fotones están en fase, ya que fueron producidos por el proceso de emisión estimulada) y *altamente direccio-*

nal. Estas son las propiedades fundamentales de la *luz láser* que es generada por todo oscilador óptico.

PRODUCCIÓN DE PULSOS LÁSER ULTRACORTOS

Los fotones trabajando juntos

Como hemos visto, al excitar por medio de un pulso óptico o eléctrico el medio activo en un resonador óptico, podemos producir un pulso láser. La duración de este pulso es, en general, similar a la del pulso de excitación y característicamente es entre 500 y 1 000 microsegundos. Para muchas aplicaciones prácticas, como la fusión nuclear vía láser, o para la soldadura o el corte de placas de acero, la duración de tales pulsos es muy grande y su intensidad demasiado pequeña. Debido a esto se han diseñado varias técnicas que permiten obtener pulsos láser de muy corta duración y de muy alta intensidad. Una de las técnicas más empleadas para producir pulsos ultracortos de alta intensidad se conoce como *conmutación de Q.*

En todo sistema físico que presente oscilaciones, desde un columpio hasta un láser, se define una cantidad llamada *factor de calidad*, que se denota por la letra Q. Si el valor de Q en un láser es pequeño implica que en la cavidad láser se tienen muchas pérdidas ópticas, mientras que si el valor de Q es grande implica que casi no hay pérdidas en la cavidad.

La figura II.14 muestra un oscilador óptico con altas pérdidas, es decir, con un bajo valor de Q. Las pérdidas en este caso son producidas al introducir un "objeto extraño" en el interior del resonador óptico que impide que el sistema entre en oscilación y que el proceso de amplificación estimulada pueda ser eficiente. Por otra parte, la figura II.13 muestra un oscilador óptico con bajas pérdidas y por tanto con un alto valor de Q. En este último caso no hay nada que impida la oscilación óptica del sistema.

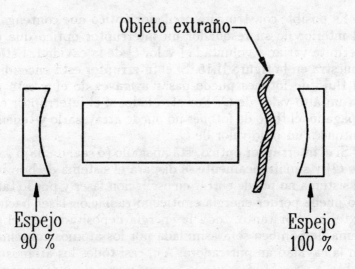

Objeto extraño

Espejo 90 %

Espejo 100 %

Figura II.14.

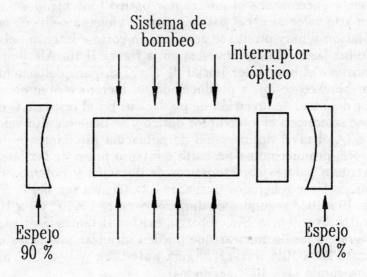

Sistema de bombeo

Interruptor óptico

Espejo 90 %

Espejo 100 %

Figura II.15.

Es posible construir un oscilador óptico que contenga en el interior de su resonador un interruptor óptico que nos permita variar a voluntad el valor Q de la cavidad. Esto se muestra en la figura II.15. Si el interruptor está encendido, el flujo de fotones puede pasar a través de él y esto nos da un alto valor de Q. Por otro lado, si el interruptor está apagado, el flujo de fotones no puede atravesarlo y tenemos entonces un bajo valor de Q.

Si el interruptor óptico está apagado (o sea, un bajo valor de Q) y simultáneamente se dispara el sistema de bombeo, el sistema no puede entrar en oscilación láser y por lo tanto no puede perder energía emitiendo radiación láser hacia el exterior. Por tanto, toda la energía depositada por el sistema de bombeo será asimilada por los átomos contenidos en la cavidad amplificadora. Así, casi todos los átomos pasarán a su estado excitado y muy pocos permanecerán en su estado base. Por tanto, el *nivel de inversión de población* que se define como la diferencia $N_2 - N_1$, alcanzará un valor muy grande. Si en este momento —en el que tenemos un muy alto valor de inversión de población—, repentinamente encendemos el interruptor óptico (obteniéndose así un alto valor de Q) el sistema entrará violentamente en oscilación y muy pronto se generará un corto e intenso pulso de luz láser. Esto se muestra en la figura II.16. Allí podemos ver el bajo valor inicial de Q. El disparo del sistema de bombeo se inicia produciendo un incremento en el valor del nivel de inversión de población. En el instante t_i en que se acciona el interruptor óptico y se tiene un alto valor de Q, el nivel de inversión de población rápidamente decrece, produciéndose un corto e intenso pulso de luz láser. Algunos valores característicos de duración y potencia de pulsos láser generados mediante esta técnica son del orden de 10×10^{-9} segundos de duración y entre 1×10^6 y 1×10^8 watts de potencia. Sin embargo, existen sistemas láser para lograr la fusión nuclear que pueden alcanzar potencias de hasta 20×10^{12} watts (¡20 giga watts!) en pulsos de 1 nanosegundo (1×10^{-9} segundos).

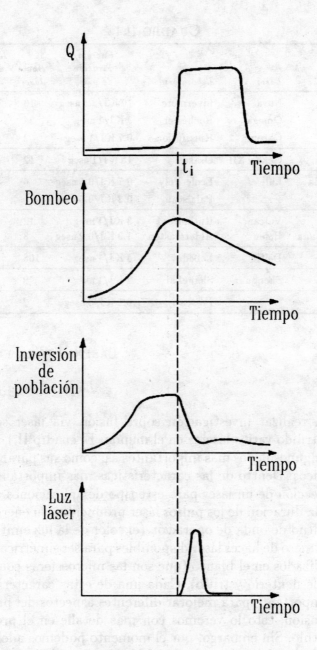

Figura II.16.

CUADRO II.1.

País	Láser	Laboratorio	Energía/ duración de pulso	Haces láser	Longitud de onda μm
	Nova	Livermore	70 KJ/2.5 nseg	10	0.35
EUA	Omega	Rochester	3 KJ/1 nseg	24	0.35
	Chroma	Kms fusión	0.7 KJ/1 nseg	2	0.53
Japón	Gekko XII	Osaka	15 KJ/1 nseg	12	0.53
Francia	Luli	Ecole Poly	0.7 KJ/0.6 nseg	6	1.06
		Palaiseau	0.2 KJ/0.5 nseg		0.25
Gran	Vulcan	Rutherford	3 KJ/1 nseg	12	0.53
Bretaña	Helen	Aldermaston	1.3 KJ/0.2 nseg	3	0.53
Rusia	Delfin	Lebedev	3 KJ/1 nseg	108	1.06
China	Shenguan	Shanghai	2 KJ/1 nseg	2	1.06
Italia	—	Frascati	0.2 KJ/3 nseg	2	1.06

LÁSERES PARA FUSIÓN

La llave de la fusión

Para realizar investigación sobre fusión vía láser se han construido varios láseres en el mundo. El cuadro II.1 muestra algunos de los más importantes así como sus parámetros técnicos. Dentro de las características más importantes en la elección de un láser para este tipo de aplicaciones destacan la duración de los pulsos láser producidos, su energía, la longitud de onda de operación (el color de la luz emitida) y el número de haces láser disponibles para ser simétricamente focalizados en el blanco (que son las microesferas con mezcla de deuterio y tritio). Cada una de estas características es importante para mejorar diferentes aspectos del proceso de fusión; esto lo veremos con más detalle en el próximo capítulo. Sin embargo, por el momento podemos adelantar que la longitud de onda λ del láser es una de las más importantes. De hecho, para lograr el proceso de fusión, entre más corta sea λ mejor.

La siguiente lista muestra algunos láseres pulsados de alta energía y potencia así como sus longitudes de onda característicos de operación:

Láser de CO_2	10.6 μm
Láser de CF_3I	1.31 μm
Láser de neodimio	1.06 μm (o 0.35 μm)
Láser de rubí	0.69 μm
Láser de KrF	0.24 μm

Por razones técnicas y económicas casi todos los sistemas láser construidos en el mundo para aplicación en fusión por láser son de neodimio. Los sistemas láser de bióxido de carbono (CO_2), a pesar de su alta eficiencia (mayor a 15%), prácticamente no se utilizan debido a su larga longitud de onda de emisión; los láseres de rubí tampoco se usan debido a que resultan demasiado caros, pues el rubí es un cristal muy costoso de producir. Los únicos competidores actuales de los láseres de neodimio son los de CF_3I y los de KrF; sin embargo, los problemas técnicos de construcción y operación de estos láseres (que, por ejemplo, requieren del manejo de sustancias altamente corrosivas) son mayores que los del neodimio.

La figura II.17 muestra el diagrama simplificado del láser *Vulcan* del laboratorio Rutherford Appleton en Didcot, Inglaterra. Ahí se tiene el más importante sistema láser de Europa para investigación en fusión. La mesa del *oscilador* contiene un láser cuya función es proporcionar pulsos con perfiles temporal y espacial determinados. Los pulsos láser ahí obtenidos son de baja intensidad y es necesario amplificarlos. Esto se hace pasando cada pulso a través de una serie de amplificadores, denotados como A16, A25, A32 y A45. Estos amplificadores son barras de neodimio de 16, 25, 32 y 45 milímetros de diámetro. En esta misma figura podemos identificar *aisladores ópticos*, que operan variando

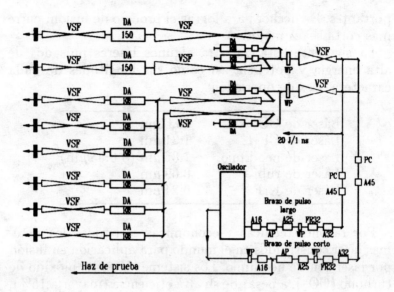

Figura II.17.

la polarización de los pulsos láser, denotados como WP y FR, e *interruptores ópticos* como PC. Para corregir defectos y optimizar el perfil de intensidad transversal de los pulsos láser producidos se usan *filtros* que se denotan como AP y VSF. Finalmente, como DA se encuentra un conjunto de *amplificadores de disco* de 108 y 150 mm de diámetro. Estos amplificadores de disco son amplificadores láser que no consisten en barras sólidas de neodimio sino de discos de neodimio con dos a tres centímetros de espesor. Separados entre sí, cuatro o seis de estos "discos" (que de hecho son en forma elíptica), se colocan en cada tubo amplificador. Este diseño de amplificador tiene la ventaja de que su enfriamiento después de cada disparo láser es más rápido y eficiente de lo que sería usando una barra sólida de neodimio de igual diámetro.

Ahora que en el primer capítulo ya hemos descrito lo que es la fusión nuclear, mientras que en éste vimos el tipo de láseres que se utilizan en la investigación de fusión por láser, en el siguiente capítulo veremos cuál es el efecto de focalizar estos intensos pulsos láser en la materia para así producir fusión nuclear.

III. Interacción entre luz láser y materia

RADIACIÓN LÁSER Y MATERIA

El secreto para calentar, soldar, vaporizar y producir astrofísicas presiones

EN UN día soleado, la superficie de la Tierra recibe del Sol en forma de radiación aproximadamente 250 watts por metro cuadrado ($0.025\,W/cm^2$). Esto es suficiente para broncear nuestros cuerpos en la playa y calentar ligeramente los objetos que nos rodean. Por otra parte, usando el láser como fuente de radiación se pueden alcanzar intensidades altísimas (¡hasta $10^{20}\,W/cm^2$ o aun más!) con lo cual es posible obtener usos espectaculares.

Por ejemplo, con intensidades de hasta $10^8\,W/cm^2$ se puede dar "tratamiento térmico" a los materiales (los valores exactos de intensidad dependen del material y del láser utilizado; por tanto, los mencionados en esta sección sólo tienen un propósito ilustrativo). Con este proceso se endurece la superficie de piezas metálicas, lo cual para algunas aplicaciones industriales es de mucha utilidad.

Con intensidades entre 10^8 y $10^{10}\,W/cm^2$ se puede fundir un metal. Esto último también tiene una aplicación industrial importante, pues permite soldar materiales: juntando dos placas metálicas e irradiándolas con un láser a lo largo de su línea de contacto, éstas se funden en la zona irradiada, con lo cual el metal fundido de las dos placas se mezcla quedando, al enfriarse, soldado.

Por otra parte, con intensidades láser entre 10^{10} y 10^{12} W/cm^2 casi todos los materiales se vaporizan. Esto tiene aplicaciones científicas e industriales; por ejemplo, en la deposición de películas delgadas sobre superficies ópticas el material a depositar se vaporiza usando un láser. Finalmente, con intensidades láser mayores a 10^{12} W/cm^2, todo material no sólo se vaporiza sino que se convierte en un *plasma*, que es un gas de muy alta temperatura en el cual sus átomos han perdido algunos o todos sus electrones: el material es un gas ionizado.

Cuando un láser se *focaliza* sobre una superficie y genera un plasma, el gas ionizado así producido se expande rápidamente debido a su muy alta temperatura y alcanza velocidades de hasta 10^7 cm/seg, que son similares a las presentadas en fenómenos astrofísicos, como la explosión de las supernovas. Esto es algo que intuitivamente podemos percibir en una cocina si vemos la rapidez con la que se expande el vapor de una olla de presión cuando ésta se abre por accidente antes de ser debidamente enfriada. Basta sólo pensar que el vapor de la olla de presión se encuentra a poco más de 100 grados centígrados, mientras que nuestro plasma o gas ionizado producido con láser se encuentra a millones de grados.

Como consecuencia de la expansión del plasma —que ocurre en dirección opuesta a la dirección de incidencia de la radiación láser— se produce una muy fuerte presión en la superficie del material ya que a toda acción corresponde una reacción igual, y en dirección opuesta. Esto último es consecuencia de la tercera ley de movimiento de Newton y esquemáticamente se muestra en la figura III.1. Las presiones que pueden generarse de este modo son altísimas y similares a las que ocurren en el interior de las estrellas. Como veremos enseguida, este hecho proporciona la clave para todos los intentos de confinamiento inercial por medio del láser.

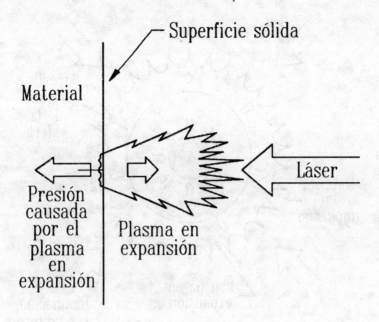

Figura III.1.

EXPLOSIONES E IMPLOSIONES

Produciendo microestrellas

Como vimos en la sección anterior una de las más importantes consecuencias de focalizar la intensa radiación láser sobre un material, es que éste se volatiliza casi instantáneamente convirtiéndose en un plasma que se aleja a muy alta velocidad. Como resultado de esto, se produce una presión muy alta en la superficie del material.

Si la radiación láser incide sobre una superficie plana (como se muestra en la figura III.1) nada particularmente interesante ocurrirá. Sin embargo, si la luz láser incide de manera uniforme sobre una esfera, como se muestra en la figura III.2, su superficie se vaporiza formando un plasma que, como una explosión, se aleja simétricamente de la es-

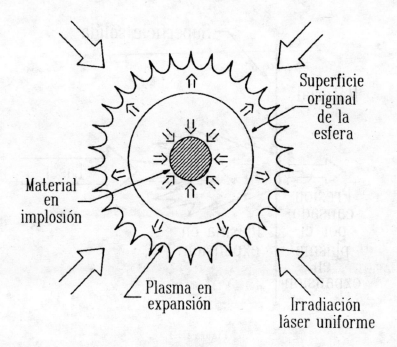

Superficie
original
de la
esfera

Material
en
implosión

Plasma en
expansión

Irradiación
láser uniforme

Figura III.2.

fera. Como consecuencia de la altísima y uniforme presión que sufre en toda la superficie de la esfera, el interior de ésta sufre una violenta implosión (una explosión "hacia adentro"). La densidad y la temperatura en el interior de la esfera alcanza, en consecuencia, gigantescos valores. Si esta esfera contiene material nuclear fusionable, se pueden alcanzar las condiciones para que la fusión nuclear ocurra, con lo cual se produce una microexplosión termonuclear.

La figura III.3 muestra el corte transversal de una microesfera diseñada con este objetivo. Los radios característicos de estas esferas son de 0.5 mm. La capa externa de la esfera está hecha de algún material de alta densidad como, por ejemplo, el silicio. Esto se debe a que esta capa es la que recibirá la radiación láser y la que, por tanto, se vaporiza formando el plasma en expansión. Entre mayor sea

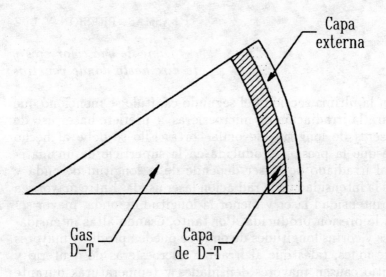

Gas
D-T

Capa
de D-T

Capa
externa

Figura III.3.

la densidad de esta capa externa, mayor será también la presión que producirá la implosión del interior de la esfera.

Una vez que incide la radiación láser, la capa externa de la microesfera "explota" en forma de plasma en expansión, mientras que el deuterio y tritio sólido y gaseoso del interior sufre una implosión que aumenta su temperatura y densidad a más de $100\,000\,000°C$ y más de $200\,\mathrm{gr/cm^3}$. En estas condiciones (que son similares a las que se dan en las estrellas) la fusión nuclear ocurre entre los átomos de deuterio y tritio y se libera la energía nuclear de fusión. Si estas microexplosiones son producidas aproximadamente 10 veces por segundo se podría hacer uso de la energía de fusión así liberada. Este es precisamente el objetivo buscado. Como veremos enseguida, para que ello sea posible se deben satisfacer ciertas condiciones y vencer algunos de los problemas que serán descritos a continuación.

Dime de qué color eres y
te diré hasta donde penetras

En la última sección del segundo capítulo se mencionó que para la irradiación de microesferas se prefiere hacer uso de láseres de longitud de onda corta. Ello se debe al hecho de que la presión producida en la superficie de un material irradiado por láser depende de la longitud de onda y de la intensidad de la radiación láser usada. Entre mayor sea la intensidad láser y menor la longitud de onda, mayor será la presión producida. Por tanto, usando altas intensidades y cortas longitudes de onda se pueden producir mayores presiones, tales que al irradiar microesferas de deuterio y tritio causen mayores densidades y temperaturas durante su implosión.

Para explicar por qué la luz de longitud de onda corta produce mayor presión, debemos recordar que esta presión es generada por el plasma o gas ionizado de muy alta temperatura en expansión. Por tanto, entre más plasma se tenga y mayor sea su temperatura, más grande será la presión ejercida. Por otra parte, un plasma es, como ya sabemos, un gas ionizado formado por iones y electrones que están en rápido y constante movimiento. El continuo desplazamiento vibracional de los iones y electrones se caracteriza por una cantidad llamada la *frecuencia de plasma* ω_p que nos indica la rapidez con la que las partículas del gas ionizado oscilan en el plasma. Esta cantidad depende de la densidad del plasma, pues entre más grande sea ésta, la frecuencia del plasma aumenta.

La figura III.4 nos muestra la variación de la densidad de un plasma cuando la luz láser de alta intensidad incide en una superficie sólida (como en la figura III.1). Como podemos ver, la densidad del plasma n_p es menor entre mayor sea la distancia de éste respecto a la superficie sólida original. De hecho, notamos que la densidad del plasma producido varía de manera continua desde un valor alto cerca de

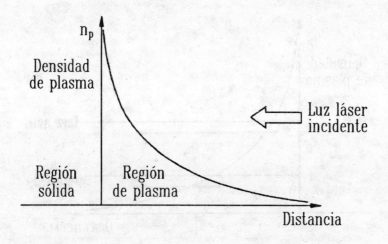

<figure>Figura III.4.</figure>

la superficie sólida, hasta un valor muy pequeño para distancias suficientemente lejanas. Este resultado implica que la frecuencia de plasma ω_p también varía de manera continua de igual modo que la densidad: es decir, tiene un valor alto cerca de la superficie del sólido y decrece conforme nos alejamos, de modo similar a como varía la densidad en la figura III.4.

La frecuencia del plasma es muy importante debido a que la luz (como la luz láser incidente utilizada) sólo puede propagarse en un plasma cuya frecuencia sea menor que la de la luz utilizada. Cuando la luz de frecuencia ω_1 se propaga en un plasma y encuentra una región donde la frecuencia del plasma ω_p es igual a la frecuencia de la luz ω_1, ahí ocurre reflexión total de la luz incidente. Es decir, en la región donde la densidad del plasma es tal que $\omega_p = \omega_1$, el plasma se comporta como un espejo. A esta región del plasma se le llama región de *densidad crítica*. Esto se muestra claramente en la figura III.5. Ahí podemos ver que la luz roja dentro del plasma se propaga hasta una región de menor densidad que la luz azul debido a que la frecuencia de la luz roja es menor que la de la luz azul. Por tanto, usando

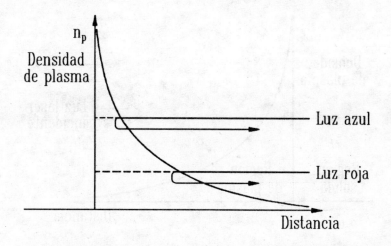

Figura III.5.

luz azul podemos penetrar regiones de más alta densidad dentro del plasma. Es decir, si se utiliza luz de alta frecuencia (como el azul o el ultravioleta) se puede producir y calentar más plasma que si se usa luz de baja frecuencia (como el rojo o el infrarrojo) y, por tanto, se pueden producir mayores presiones en las superficies donde se generan estos plasmas. Haciendo nuevamente referencia a la última sección del capítulo anterior, podemos comprender ahora por qué se prefiere usar láseres de neodimio y no de bióxido de carbono para experimentar en la fusión por láser.

LA INESTABILIDAD DE RAYLEIGH Y TAYLOR

Lograr una implosión es tan difícil como parar una agujeta

Lograr la implosión simétrica de una microesfera es un problema técnicamente muy complejo. Con frecuencia ocurre

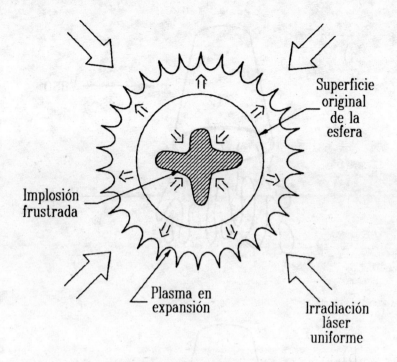

Figura III.6.

una *implosión frustada* como se muestra en la figura III.6 y no una bella implosión, como la que se esquematiza en la figura III.2. Parecería que la mezcla de deuterio y tritio del interior de la microesfera estuviera dispuesta a hacer todo lo posible por evitar que logremos aumentar su densidad a los valores requeridos.

La razón por la que es muy difícil lograr perfectas implosiones simétricas, se explica por un proceso conocido como *inestabilidad de Rayleigh y Taylor*, pues estos científicos fueron los primeros en estudiarlo. Comprender en qué consiste esta inestabilidad es sencillo si hacemos el siguiente experimento (se sugiere llevarlo a cabo en la tina del baño para evitar mojarse): se llena un vaso con agua, y una vez que el agua esté en reposo, repentinamente volteamos el vaso y observamos qué ocurre con el agua. Sabemos que

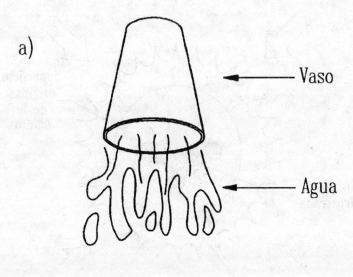

a)

Vaso

Agua

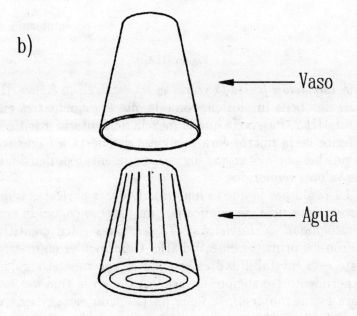

b)

Vaso

Agua

Figura III.7.

el agua se va a salir del vaso y caerá al piso. Sin embargo, ésta no es la parte importante del experimento. Lo que realmente interesa es ver *cómo* sale el agua fuera del vaso. A manera de ayuda, la figura III.7 propone dos resultados posibles para el experimento. La experiencia nos indica que al salir el agua del vaso ésta caerá formando protuberancias arbitrarias y gotas como se muestra en la figura III.7a y nunca caerá, conservando intacta la forma original que tenía al estar en el interior del vaso, como se muestra en la figura III.7b. Este resultado, tan sencillo y cotidiano, es consecuencia de la inestabilidad de Rayleigh y Taylor: cuando tenemos dos sustancias de diferente densidad en contacto y existe una fuerza dirigida de la zona de alta densidad a la de baja densidad, cualquier perturbación en la zona de interface crecerá rápidamente hasta convertirse en una notable protuberancia que finalmente podrá separarse en forma de gota. Esto es precisamente lo que observamos durante el experimento con el vaso de agua, pues al voltear el vaso, lo que instantáneamente tenemos son dos sustancias de diferente densidad con una superficie de contacto y una fuerza entre ellas. En otros términos, se tiene el agua que está "arriba" y el aire que está "abajo", así como la fuerza causada por el peso del agua.

Ahora sólo basta percatarse que durante la irradiación con luz láser de una microesfera ocurre una situación muy similar, pues se tiene una zona de baja densidad (el plasma o gas ionizado), en contacto con una región de alta densidad (la mezcla de deuterio y tritio del interior de la esfera), así como una fuerza entre éstas causada por la presión del plasma en expansión. No es de extrañar que la inestabilidad de Rayleigh y Taylor, que causa que el agua de un vaso caiga tal y como lo hace, sea el mismo proceso que dificulta enormemente el comprimir simétricamente una microesfera de deuterio y tritio.

Para lograr una implosión uniforme se requiere que la presión que el plasma en expansión produce sobre la superficie de la esfera sea muy uniforme. Sin embargo, dado que esta presión depende de la intensidad láser incidente, lo que se requiere es una uniformidad de iluminación de la microesfera muy alta. Lograrlo es técnicamente difícil, pues para iluminar una esfera se requieren necesariamente varios haces láser que incidan desde diferentes ángulos. Por razones geométricas resulta inevitable que estos rayos se traslapen en algunas zonas de la esfera causando heterogeneidades en la iluminación.

La figura III.7 muestra la distribución de haces en un sistema láser compuesto por seis diferentes rayos. En este caso la uniformidad de iluminación no podrá exceder en el mejor de los casos 15%. Diversos estudios y simulaciones computacionales muestran que la inestabilidad de Rayleigh y Taylor puede eliminarse prácticamente (durante el corto tiempo que duran los pulsos láser incidentes) usando uniformidades de iluminación de 1 a 2%. Esto es algo que sólo podrá lograrse si se utilizan sistemas láser de gran multiplicidad, para lo cual se requieren alrededor de 50 haces láser que iluminen las microesferas.

SUAVIZANDO TÉRMICAMENTE

¿Por qué se cocina mejor con una sartén gruesa?

En las secciones anteriores hemos visto la enorme importancia que tiene el que la presión producida en la microesfera de deuterio y tritio durante su implosión sea uniforme, así como el hecho de que entre menor sea la longitud de onda de la luz utilizada para irradiación más alta será la presión obtenida. Aunque la uniformidad de presión nos exige mucho, no debemos desalentarnos, pues por fortuna existen varios procesos que vienen en nuestro auxilio. En particular, un proceso que ayuda a que la microesfera en implosión "no sienta" la presencia de la diminuta falta de homogeneidad de la irradiación láser incidente es el de *suavizamiento térmico*.

Para explicar en qué consiste este proceso supongamos

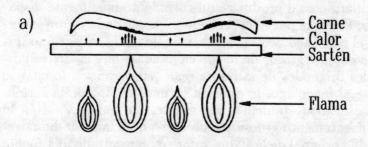

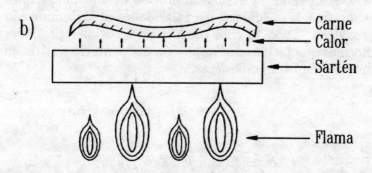

Figura III.8.

que deseamos cocinar un gran trozo de carne en una sartén, con la condición de que la carne quede cocinada *uniformemente*. Por desgracia, nuestra estufa tiene defectos en sus quemadores, y el fuego que produce es muy irregular; es decir, hay regiones donde la flama es muy intensa y otras donde es muy débil. Ante esta situación, el cocinero debe elegir entre dos sartenes disponibles: una de lámina muy delgada y otra más gruesa. ¿Qué sartén deberá elegir el cocinero? La figura III.8a y b muestran las dos situaciones descritas. En el primer esquema de la figura se representa la sartén delgada y podemos notar cómo las irregularidades de la flama son trasmitidas al trozo de carne que deseamos

cocinar, lo cual producirá un cocimiento igualmente dispa-
rejo. Por otra parte, el segundo esquema de la figura muestra el resultado de usar una sartén de fondo más grueso. En
este caso, el grosor de la sartén ayuda a que las irregularidades originales de la flama sean "suavizadas", lo cual se
debe al fenómeno de difusión térmica dentro de la sartén.
De este modo podemos ver que contar con una sartén lo
suficientemente gruesa puede corregir la falta de homogeneidad original de la flama y dar como resultado una fuente
de calor uniforme.

Algo similar a lo anterior ocurre en el plasma producido
por medio del láser durante la irradiación de una microesfera. De este modo, y gracias al proceso de difusión térmica
en el plasma, las pequeñas irregularidades en la iluminación
se suavizan. Todo lo cual contribuye a obtener presiones
uniformes que facilitan la implosión del deuterio y tritio en
el interior de las microesferas.

PROCESOS ÓPTICOS NO
LINEALES

Jugando con fotones, fonones y plasmones

Hasta aquí, en este capítulo hemos visto algunos procesos
que dificultan (o facilitan, como en el caso del suavizamiento térmico) la realización de implosiones. De hecho el
número de tales procesos es muy grande y variado; muchos de ellos caen dentro de lo que se conoce como "procesos ópticos no lineales". Para entender en qué consisten
estos procesos hay que recordar primero que, como vimos
en el segundo capítulo, la luz, al igual que cualquier radiación electromagnética, está compuesta en su más pequeña escala por fotones. Es decir que los fotones son las
"partículas" más pequeñas de luz que siguen siendo luz.
Este resultado, conocido como "cuantización" y obtenido
para ondas electromagnéticas, es válido para *cualquier* tipo
de ondas. En particular, en un plasma producido por láser,

como los encontrados al irradiar microesferas, se tienen varios tipos de ondas como son las *ondas iónicas* y las *ondas electrostáticas*. Las primeras son debidas a las oscilaciones de los iones que componen el plasma y son ondas de baja frecuencia debido a que los iones son partículas de gran masa que es difícil desplazar rápidamente. Por otra parte, las ondas electrostáticas son oscilaciones conjuntas de los electrones que componen el plasma y por lo general son ondas de mucha más alta frecuencia que las ondas iónicas debido a que los electrones son muy ligeros y es fácil que se desplacen y oscilen rápidamente. De modo similar a como las ondas electromagnéticas están cuantizadas en *fotones*, las ondas iónicas están cuantizadas en *fonones* y las ondas electrostáticas en *plasmones*. Estos fonones y plasmones son los constituyentes básicos de las ondas iónicas y de las ondas electrostáticas.

Ahora que ya sabemos de la existencia de los fonones, plasmones y fotones resulta aún más interesante saber que estas partículas en ciertas condiciones pueden *interaccionar* y producir una enorme gama de procesos nuevos, conocidos como *procesos ópticos no lineales*. Tres de estos procesos, muy importantes en plasmas generados por láser, son los siguientes:

a) *Dispersión de Brillouin*. En este caso un fotón incidente interacciona con un fonón, dando como resultado un nuevo fotón, como a continuación se indica:

Fotón incidente + fonón → nuevo fotón

b) *Dispersión Raman*. En este proceso un fotón incidente interacciona con un plasmón, lo cual origina un nuevo fotón como a continuación se muestra:

Fotón incidente + plasmón → nuevo fotón

c) *Decaimiento en dos plasmones*. En este proceso se tiene el acoplamiento de un fotón incidente con dos plasmones, como en seguida se muestra:

Fotón incidente → plasmón + plasmón

Como podemos ver, estos procesos permiten el intercambio de energía entre ondas electromagnéticas (luz), ondas iónicas y ondas electrostáticas. Esto tiene consecuencias muy importantes que pueden ir en detrimento de nuestro objetivo final, que es lograr la implosión de microesferas de deuterio y tritio para alcanzar la fusión nuclear. Por ejemplo, el proceso de dispersión de Brillouin refleja la luz láser incidente en el plasma producido, mucho antes de que ésta alcance la región de plasma crítica donde ocurrirá la reflección total. Por tanto, debido al proceso de dispersión de Brillouin, mucha de la radiación láser que debería contribuir a producir y calentar el plasma es reflejada antes de tiempo y, por tanto, sólo se desperdicia. Por otra parte, los procesos de dispersión Raman y de decaimiento en dos plasmones aumentan la energía de las ondas electrostáticas (que, sabemos, sólo son oscilaciones de electrones en el plasma) lo cual también es muy nocivo pues puede producir *electrones supratérmicos*. Estos son electrones de muy alta energía, y debido a esto pueden desplazarse grandes distancias; en particular, pueden calentar el material de deuterio y tritio del interior de la microesfera, haciendo más difícil su implosión: comprimir un gas caliente es mucho más difícil que comprimirlo si está frío.

IV. Experimentación y diagnosis

EL PROCESO DE MEDICIÓN

Sólo lo que es mensurable se conoce

AHORA es importante notar que para poder evaluar un resultado experimental (por ejemplo, la implosión de una microesfera de deuterio y tritio) o la utilidad de un aparato (por ejemplo, un láser) es necesario ser capaz de medir. Por desgracia, en la mayoría de los casos en el trabajo científico, no es posible hacer mediciones directas como las que uno hace con una regla y una escuadra. En general, se requiere de complejos instrumentos de medición; sólo así se puede llegar a determinar *qué* está ocurriendo realmente en nuestros aparatos o experimentos. Sólo con base en cuidadosas mediciones experimentales es posible comparar los resultados teóricos y simulaciones computacionales con lo que ocurre en la naturaleza. Es decir, los resultados experimentales son la prueba más importante y definitiva de toda teoría. Podemos pensar que los científicos teóricos son sastres que pasan su tiempo diseñando y haciendo vestidos (algunos realmente muy hermosos) para una señora llamada "madre naturaleza". Cuando los vestidos le quedan bien se guardan en un guardarropa especial (llamado "teoría científica") y cuando no le quedan se desechan y se diseñan nuevos. Es decir que, sólo debido a la realimentación que los resultados experimentales proporcionan se puedan corregir y mejorar los resultados teóricos. Aunque también muchas veces son los resultados experimentales los que proporcionan la inspiración en la creación de nuevos modelos teóricos.

El trabajo de la fusión por medio del láser es un claro ejemplo de todo lo anterior ya que, debido a las condiciones extremas de presión, densidad y radiación (similares a las que ocurren en las estrellas), a las que la materia está sujeta durante estos experimentos, fue necesario desechar, corregir o proponer nuevas teorías para explicar lo que se observa en los experimentos. Por ejemplo, en el capítulo anterior hablamos de varios procesos no lineales que ocurren entre fotones, plasmones y fonones en un plasma producido por un láser. Aunque las ideas básicas de estos procesos se comprendían en su generalidad, era necesaria una teoría precisa que permitiera hacer predicciones *cuantitativas* acerca de cuestiones como: la importancia relativa de cada uno de estos procesos y la competencia entre ellos; las intensidades láser en las que cada uno de ellos se inicia; las condiciones de plasma que favorecen o limitan la presencia de cada uno de estos procesos, y otras preguntas más. Esta información es esencial para determinar la factibilidad de diversos aspectos del programa de fusión vía láser (como la selección y las características del láser a utilizar) y sólo fue posible cuando se dispuso de resultados experimentales con los cuales comparar los diferentes modelos teóricos.

El trabajo experimental en investigación relacionada con el proyecto de fusión por medio del láser es enorme y ha creado la necesidad de desarrollar nuevas técnicas experimentales o bien de perfeccionar algunas ya conocidas. Nos podemos dar cuenta de la dimensión del reto experimental al ver el enorme rango de posibilidades que requieren de instrumentales de medición. Por ejemplo, en la medición de longitudes se requiere medir desde 0.1 micrón hasta 1 centímetro; en la medición de tiempo se requieren detectores que cubran desde 1 picosegundo (1×10^{12} segundos) hasta 0.1 microsegundos; para las densidades se requiere cubrir un rango de 10^{16} hasta 10^{26} partículas por centímetro cúbico, y en la medición de energía se requiere un rango que va de 1 eV (1 eV —electrón volt— = 1.6×10^{-19} joules) hasta decenas de millones de eV. De hecho, hoy se dispone de más de 65 técnicas experimentales distintas para el estudio de los efectos de la irradiación de microesferas de deuterio y tritio con luz láser.

En este capítulo describiremos algunas de las técnicas experimentales más interesantes y novedosas. Están basadas en fotografía con rayos X, tanto estática y dinámica, así como técnicas experimentales basadas en la detección de neutrones. La técnica fotográfica dio origen a las cámaras fotográficas más rápidas del mundo, capaces de tomar el equivalente de más de 10 000 000 000 de fotografías por segundo. Finalmente se describirá la idea básica de una planta generadora de energía, basada en un reactor de fusión vía láser.

FOTOGRAFÍA CON RAYOS X

Buscando huesos en microesferas

Seguramente el lector de estas líneas en alguna ocasión se habrá tomado una radiografía, también conocida como placa de *rayos X*. De hecho las radiografías son fotografías que, en lugar de utilizar luz visible, usan rayos X. Como sabemos, los rayos X y la luz visible son radiación electromagnética, pero los primeros tienen una longitud de onda menor. En otras palabras, los fotones que constituyen los rayos X son de mucho mayor energía que los fotones de la luz visible. Debido a su mayor energía, los rayos X *pasan a través* del objeto que deseamos fotografiar, mientras que los fotones de luz *son reflejados* en el objeto a fotografiar. Este hecho nos permite utilizar los rayos X para determinar la densidad o las diferencias de densidad dentro de un objeto. Por ejemplo, al tomarnos una radiografía podemos ver claramente los huesos de nuestro esqueleto debido a que su densidad es mayor que la densidad del promedio del cuerpo. Por otra parte, en los experimentos de fusión láser también ocurren diferencias de densidad, pues durante la irradiación con luz láser de una microesfera de deuterio y tritio el interior de ésta se comprime fuertemente mientras que la densidad del plasma en expansión que se forma alrededor es mucho menor. Debido a esto, una de las primeras técnicas experimentales usadas para observar la implosión de microesferas fue por medio de fotografías con rayos X. La figura IV.1 ilustra la implantación práctica de esta técnica, conocida como *fotografía de agujero por iluminación posterior con rayos X* (su nombre en inglés es *backlighting pinhole X-ray photography*). Podemos observar que un haz láser auxiliar se enfoca detrás de la microesfera, formando un eje entre el agujero de la cámara de rayos X, la microesfera y el punto de foco del láser auxiliar. Este haz auxiliar tiene como objeto producir los rayos X, lo cual es muy sencillo, pues todo láser de potencia, al ser enfocado en un material, genera intensa radiación X.

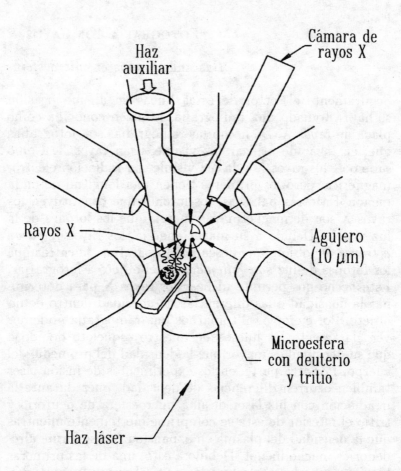

Figura IV.1.

De este modo se pueden obtener fotografías que permiten estudiar el proceso de implosión de la microesfera, el cual ocurre en menos de un nanosegundo (1×10^{-9} segundos). Si el haz láser auxiliar que produce los rayos X es de unos cuantos picosegundos (1 picosegundo = 1×10^{-12} segundos) es posible iluminar la microesfera en cualquier instante deseado durante la implosión y saber cuál es su estado en ese preciso instante. Esto es similar a fotografiar a un clavadista durante el tiempo de su caída. Lo único que se requiere para tomarle una buena foto es que el tiempo de disparo de la cámara (el tiempo durante el cual la luz reflejada por el clavadista está entrando a la cámara fotográfica) sea mucho más corto que el tiempo que tarda el clavadista en caer al agua. En el caso del clavadista, esto se controla ajustando el tiempo de exposición de la cámara, mientras que en el caso de la microesfera en implosión lo que controlamos es el tiempo que iluminaremos con rayos X a la microesfera. Esto último se hace ajustando la duración del haz láser auxiliar y sincronizándolo con respecto al láser de irradiación principal de la microesfera.

La desventaja de este método es que sólo permite obtener una fotografía por cada implosión. Además, es difícil saber si la fotografía tomada corresponde o no al punto de máxima implosión. Lo ideal sería tomar *una sucesión* de fotografías que permitiera estudiar la evolución temporal del proceso de implosión. Como veremos en la próxima sección, actualmente ello es posible utilizando cámaras ultrarrápidas.

FOTOGRAFÍA ULTRARRÁPIDA

10 000 000 000 de fotografías por segundo

Como vimos en la sección anterior, para estudiar adecuadamente el proceso de implosión de una microesfera se requiere saber cuál es su evolución temporal durante el tiempo en que es irradiada por el haz láser principal. Esto se hace actualmente utilizando cámaras ultrarrápidas, conocidas en inglés como *framing cameras*. Estas son capaces de tomar el equivalente de más de 10 000 000 000 de fotografías por segundo con tiempos de exposición de menos de 50 picosegundos.

La figura IV.2 muestra el esquema básico de una cámara ultrarrápida durante un experimento. Un haz láser auxiliar de igual duración que el láser principal es utilizado para

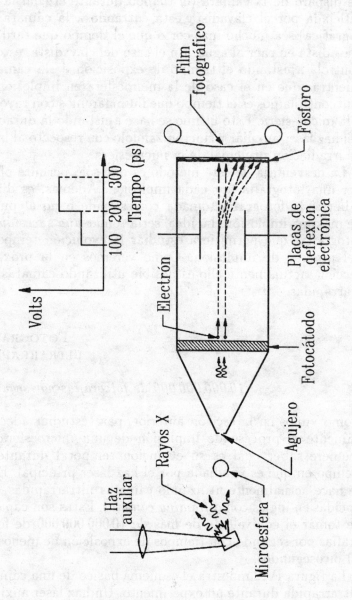

Figura IV.2.

producir un fondo continuo de rayos X que irradia a la microesfera durante todo el proceso de implosión. La imagen de rayos X es obtenida y enfocada por medio de un pequeño agujero en un fotocátodo. Este es un material que convierte los fotones de rayos X incidentes en electrones. Idealmente, por cada fotón de rayos X incidente en una cara del fotocátodo obtenemos, del otro lado de éste, un electrón. Como resultado de enfocar la imagen de rayos X en el fotocátodo obtenemos una réplica de esta imagen, pero ya no consistente en fotones sino en electrones. La ventaja de tener una imagen con electrones y no con fotones está en que los electrones, al ser partículas con carga eléctrica, pueden ser desviados por medio de un campo eléctrico. De este modo podemos mover la imagen de electrones sencillamente variando el voltaje entre dos placas. De hecho, en la figura anterior podemos ver las *placas de deflexión* cuya función es desplazar la imagen de electrones sobre una superficie de fósforo. Esta superficie cumple una función inversa al fotocátodo pues lo que hace es producir un fotón de luz visible por cada electrón incidente. Es decir, la imagen de electrones incidente en un lado de la placa de fósforo producirá del otro lado una imagen de luz capaz de ser fotografiada si se coloca una película fotográfica junto a ésta. Sin embargo, ya en la práctica, las imágenes obtenidas son de tan baja intensidad que normalmente se coloca, entre la placa de fósforo y la película fotográfica, un "intensificador de imagen" (no indicado en la figura IV.2) que aumenta la intensidad de la luz y por tanto facilita que se le filme en película o en video. Para obtener una sucesión de fotografías que registre la evolución de la microesfera durante el proceso de implosión lo único que se requiere es introducir un voltaje entre estas placas que mueva la imagen con la rapidez deseada sobre la placa de fósforo. En la figura IV.3 se muestra el resultado de introducir un voltaje con forma de triple escalón entre las placas de deflexión de la cámara. De este modo se obtienen tres imágenes en la placa fotográfica separadas entre sí por 100 picosegundos, que es el tiempo entre cada escalón de voltaje.

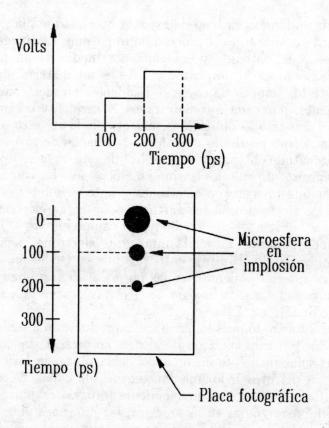

Figura IV.3.

Esta técnica se ha utilizado con éxito para obtener series de quince o más fotografías que muestran en detalle el proceso de implosión de la microesfera. Así, hemos podido variar la estructura, composición y tamaño de las microesferas utilizadas con el fin de encontrar un diseño óptimo. Usando estas cámaras es posible también estudiar el efecto de variar la forma temporal del haz láser incidente en la microesfera, entre muchas otras cosas.

Detección de neutrones

Los voceadores de la fusión

Como vimos en el primer capítulo, la probabilidad de que
ocurra una reacción de fusión depende de la temperatura a
que se encuentra la mezcla de material fusionable. Por otra
parte, como resultado de la fusión de deuterio–deuterio o
deuterio–tritio se obtienen neutrones de energía particular.
Por ejemplo, la reacción de D–D produce neutrones con
energía de 2.45 MeV y, por tanto, detectar neutrones con esta energía es una indicación de que están ocurriendo reacciones de fusión, así como de la temperatura y densidad
a las cuales se encuentra el interior de la microesfera. Midiendo la diferencia entre el instante en que se empiezan
a detectar neutrones en relación con el haz láser incidente,
podemos saber qué tan rápido ocurrió la implosión. Midiendo el tiempo que dura y la intensidad del pulso de neutrones se puede calcular la temperatura máxima alcanzada.

Al irradiar una microesfera llena de deuterio pueden ocurrir dos reacciones de fusión:

$$ {}_1^2\text{D} + {}_1^2\text{D} \rightarrow {}_2^3\text{He} + \text{n} + 3.27\,\text{MeV} $$

y:

$$ {}_1^2\text{D} + {}_1^2\text{D} \rightarrow {}_1^3\text{T} + \text{p} + 4.03\,\text{MeV}. $$

La primera reacción produce un neutrón de 2.45 MeV
de energía, mientras que la segunda produce un protón de
2.45 MeV más un tritón de 1 MeV. Si el combustible de deuterio se comprime a una densidad suficientemente alta,
existe la posibilidad de que el tritón de 1 MeV se fusione
con un deuterón antes de escapar de la zona comprimida.
Así, se produce la reacción:

$$ {}_1^2\text{D} + {}_1^3\text{T} \rightarrow {}_2^4\text{He} + \text{n}', $$

donde el neutrón secundario n' tiene una energía de 12 a
17 MeV. Es decir, que este neutrón secundario se mueve

mucho más rápidamente que los neutrones primarios originados en la reacción D–D. Por tanto, midiendo el tiempo entre pulsos de neutrones y la intensidad de éstos, es posible determinar con precisión la densidad del combustible de fusión en compresión. Utilizando ideas similares es posible tener reacciones de tercer orden, en las que la energía de los neutrones terciarios n'' es de hasta 30 MeV. Claro está, existen técnicas similares que se emplean cuando el combustible nuclear es D–T.

DISEÑO DE UN REACTOR

Produciendo electricidad a partir de la fusión

La idea básica de un reactor de fusión accionado por láser se muestra en la figura IV.4. Podemos ver que consta de un núcleo en el centro del cual convergen varios haces láser que inciden en una microesfera que contiene una mezcla de deuterio y tritio (D–T) en su interior. A través del canal de inyección entran las microesferas a razón de aproximadamente 10 esferas por segundo. Como hemos visto, debido a la intensa irradiación láser en la superficie de cada microesfera se forma un plasma en expansión. Éste ocasiona la implosión de la mezcla de D–T del interior y eleva su temperatura y su densidad a valores en los cuales la fusión nuclear entre los átomos de deuterio y tritio ocurre de acuerdo con la reacción:

$$^2_1 D + {}^3_1 T \rightarrow {}^4_2 He + n + 17.6\ MeV.$$

La energía liberada en esta microexplosión termonuclear aumenta la temperatura del litio líquido que se encuentra en el interior del reactor hasta aproximadamente 800 grados centígrados. El litio caliente se extrae del reactor y en un intercambiador de calor produce vapor de agua que acciona una turbina de vapor. Después, el eje de rotación de la turbina de vapor conectado a un generador eléctrico

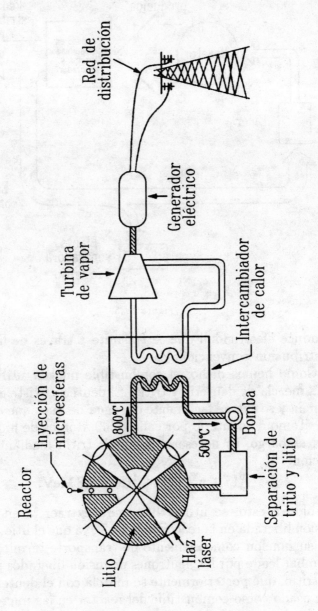

Figura IV.4.

81

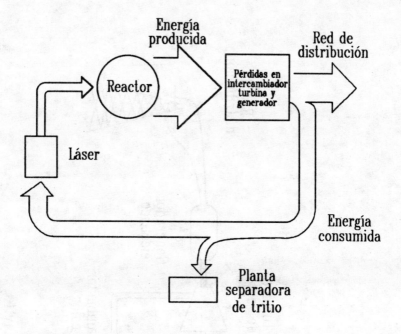

Figura IV.5.

produce electricidad que se trasmite a través de líneas de distribución convencionales.

Como hemos dicho, el combustible nuclear utilizado es una mezcla de deuterio y tritio. El deuterio existe en abundancia y se extrae fácilmente del agua de mar, que contiene un átomo de deuterio por cada 6 500 átomos de hidrógeno. Sin embargo, es necesario producir tritio mediante la reacción:

$$\,^{6}_{3}\text{Li} + n \rightarrow \,^{3}_{1}\text{T} + \,^{4}_{2}\text{He} + 4.8 \text{ MeV}.$$

Debido a esto, se utiliza litio para extraer la energía de fusión liberada en la reacción de D–T, ya que el litio, además de su función como elemento de transporte térmico, al ser bombardeado por los neutrones de fusión liberados produce el tritio, que posteriormente se mezcla con el deuterio para ser usado como combustible del reactor en las microesferas utilizadas.

Desde luego que la operación del láser utilizado y de la planta de separación del litio y tritio requiere energía y ésta debe ser proporcionada por el propio reactor. La figura IV.5 ilustra que un reactor útil debe producir mucha más energía de la que consume. De hecho, el problema más grave actualmente para construir un reactor de fusión por medio del láser es la baja eficiencia de los láseres disponibles, que es característicamente menor a 1% (eficiencia láser de 1% implica que por cada cien unidades de energía eléctrica que consume produce una unidad de energía de radiación láser). El usar estos láseres de tan baja eficiencia en un reactor daría el absurdo resultado de que casi toda la energía producida por el reactor sería consumida por el propio láser. Debido a esto, es hoy un tema de gran prioridad la investigación en láseres eficientes de alta potencia que emiten radiación de longitud de onda corta.

Una característica de estos reactores es su seguridad intrínseca, debido a que sólo utilizan el combustible suministrado. No es posible que el núcleo de un reactor explote debido a que se genere energía de fusión en exceso (lo cual sí ha ocurrido en reactores de fisión) ya que aun si deliberadamente se intentara producir una explosión introduciendo una microesfera más grande (o con más combustible) el láser no sería capaz de llevar esa nueva microesfera a la temperatura y densidad adecuadas para que ocurra la fusión nuclear.

¿REALMENTE NECESITAMOS DE LA FUSIÓN?

El que no planea no sobrevive

LA PRODUCCIÓN de energía en el mundo en 1991 fue de 11 a 12 billones de kW, lo cual, en relación con los 5 500 000 000 de habitantes que vivimos en el planeta, implica un consumo *per capita* de aproximadamente 2.2 kW. De modo figurado podemos decir que 3 caballos trabajan día y noche por cada individuo que habita el planeta, aunque dado que un caballo sólo trabaja 8 horas diarias, entonces requerimos 3 turnos de 3 caballos por día o sea 6 caballos por habitante. Piénsese en las enormes caballerizas y en la gran pastura que requeriríamos para mantener a 33 000 000 000 de caballos (6 × 5 500). Así tal vez se pueda percibir lo enorme de estas magnitudes.

Por otra parte, la producción y consumo de energía están estrechamente relacionados con factores económicos y sociales, y también directamente vinculados con el estándar de vida de todo pueblo. Como ejemplo, la figura V.1 muestra la esperanza de vida y la mortalidad infantil como función del consumo de energía *per capita* (información tomada del *World Energy Council* en 1992).

Actualmente las principales fuentes de energía primaria, como porcentaje del total y en números redondos son: petróleo (38%), carbón (28%), gas natural (21%), hidroeléctrica (7%) y nuclear (6%). Es decir que 87% de la energía total en el mundo se produce mediante combustibles fósiles (petróleo, carbón y gas), que tienen el problema de ser recursos *no renovables*. Desde este punto de vista, las generaciones actuales están robando recursos a las futuras.

La figura V.2 muestra las reservas mundiales de combustibles fósiles y de uranio, así como (entre paréntesis) el

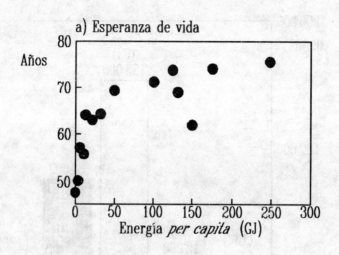

a) Esperanza de vida

b) Mortalidad infantil

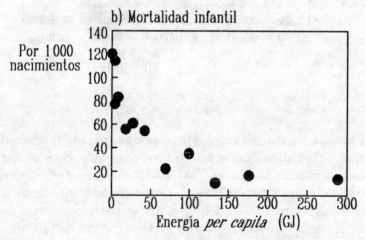

Figura V.1.

consumo anual actual. Podemos ver que, suponiendo constante el consumo actual de petróleo, existen reservas de este energético sólo para poco más de cincuenta años. Esto es en teoría, pues en la práctica al disminuir el petróleo disponible este aumentará su precio de modo tal que quizá nunca se llegue a consumir la última gota. Sin embargo en

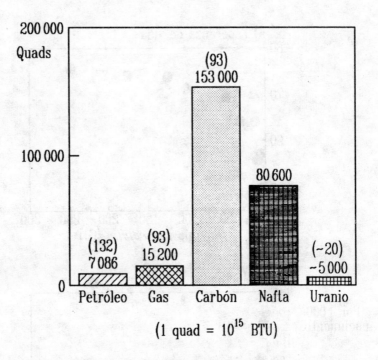

$(1 \text{ quad} = 10^{15} \text{ BTU})$

Figura V.2.

esa misma figura podemos apreciar que, paradójicamente, siendo el petróleo el energético fósil del que menos se dispone, es el más utilizado: casi 40% del consumo mundial actual de energía procede de él. Desde cierto punto de vista esto es algo lamentable debido a que el petróleo podría ser más útil a la humanidad como materia prima de la industria química y no quemado como fuente de energía. Para ver esto de modo más claro, sólo hay que percatarnos que los aviones, automóviles, aparatos domésticos, ropa, muebles e infinidad de otros artículos cotidianos están manufacturados en su totalidad o en un gran porcentaje a partir de derivados del petróleo.

De hecho en la figura V.2 podemos ver que el planeta dispone de reservas energéticas para muchos años más. Sin embargo, uno de los más graves problemas que ocasiona el uso de combustibles fósiles es la emisión de bióxido de carbono (CO_2) a la atmósfera. Estas emisiones actualmente son de aproximadamente 24 billones de toneladas al año. Durante las pasadas décadas la cantidad de CO_2 en la atmósfera ha aumentado en casi 25%, lo cual es un hecho sin precedente en la historia de la humanidad, pues ha modificado el ambiente como nunca antes. Este cambio sustancial en uno de los componentes más importantes de la atmósfera es preocupante debido a las consecuencias que puede tener. El bióxido de carbono absorbe radiación infrarroja y, debido a esto, mucha radiación que la Tierra debería radiar al espacio es atrapada en la atmosfera, perturbando así su equilibrio térmico. Si no se hace algo por evitar las emisiones de CO_2, a mediados del próximo siglo la concentración de este gas se habrá duplicado, lo cual incrementará la temperatura promedio de la Tierra. Si esto ocurre, parte del hielo de los polos se fundirá, lo que aumentará el nivel del mar e inundará muchas ciudades en las costas. Asimismo, la circulación atmosférica se modificará causando cambios en los patrones geográficos de precipitación pluvial y un incremento en movimientos atmosféricos convectivos. Esto podría causar que bosques y selvas se conviertan en desiertos así como aumentar la probabilidad de ciclones. y otros eventos catastróficos. A pesar de que las predicciones sobre las consecuencias del incremento de bióxido de carbono varían mucho dependiendo del modelo adoptado, es claro que algo debe hacerse ahora y no esperar a ver la magnitud exacta de la catástrofe que posiblemente nos espera.

Una primera propuesta es eliminar las emisiones de CO_2 a la atmósfera sustituyendo los combustibles fósiles por tecnologías energéticas limpias (es decir, tecnologías que su uso no produce CO_2) como nuclear, hidroeléctrica, solar, eólica, geotérmica, etc. Lamentablemente, la mayoría de estas fuentes son incapaces de proporcionar un porcentaje importante (por ejemplo 30 a 40%) de los requerimientos energéticos mundiales, excepto fisión y (en un futuro próximo) fusión nuclear. Todas las opciones energéticas mencionadas tienen sus puntos "a favor" y "en contra", excepto posiblemente la opción solar, en donde todo parece estar a favor menos el nivel actual de desarrollo tecnológico. La opción basada en la fisión nuclear se ha tomado seriamente en algunos países, los cuales extraen más de 50% de su energía de esta fuente; sin embargo, varios accidentes nucleares en el mundo han mostrado los altos riesgos de esta opción energética.

En conclusión, por el momento (a menos de que se adopte la opción nuclear de fisión) las únicas acciones razonables a seguir para disminuir el problema del calentamiento atmosférico causado por las emisiones de bióxido de carbono son: i) continuar con una política activa de conservación de energía (entre más focos tengamos apagados menos material fósil hay que quemar y menos bióxido de carbono será emitido a la atmósfera); ii) sustituir en lo posible el uso de carbón y petróleo por gas natural (este último produce menos bióxido de carbono por unidad de energía generada); iii) sustituir en lo posible el uso de motores de combustión interna por motores eléctricos y, finalmente pero de interés vital, iv) apoyar proyectos de investigación en fuentes de energía opcionales y en conservación ecológica.

A diferencia de la opción nuclear de fisión, la opción de fusión presenta claras ventajas, en particular en lo referente a desechos nucleares y a seguridad de operación. Las dos más importantes fuentes de riesgo radiactivo en un reactor de fusión son el tritio y los materiales usados en la construcción del núcleo del reactor (por ejemplo acero inoxidable). Estos últimos, debido al constante bombardeo de los neutrones de fusión, terminan por convertirse en radiactivos. Sin embargo, esto también ocurre en cualquier reactor de fisión.

Una característica importante e inherente a un reactor de fusión es que no puede quedar fuera de control. En este caso, la reacción se detiene sin riesgo alguno. Debido a esto, no existe el peligro de liberar cantidades no controladas de energía. Aun el accidente más dramático, consistente en la ruptura del reactor, liberaría (en un reactor de fusión por confinamiento magnético) aproximadamente 200 miligramos de tritio, que es el combustible requerido para 10 segundos de operación. Esto, a diferencia de un reactor de fisión que conserva permanentemente en su núcleo el combustible sumamente radiactivo para varios meses o años de operación, así como muchísimos otros isótopos de gran toxicidad y larga vida. Si a un reactor de fusión se le introduce accidentalmente más combustible del que puede recibir, éste se apagará, debido a que el reactor no podrá calentarlo y por tanto fusionarlo. Es decir que un accidente como el del reactor nuclear de Chernobil es en principio imposible en un reactor de fusión. Un atractivo más de la fusión es que las reservas de combustible disponible (deuterio y tritio) son, con mucho, mayores que las de cualquier otra fuente energética actualmente conocida. Estas reservas serían suficientes para suministrar energía durante miles o millones de años. Existe abundante deuterio en el mar y, como vimos en el capítulo anterior, el tritio se genera a partir de la cobija de litio que rodea al reactor del núcleo. Finalmente, la operación de un reactor de fusión no permite, a menos que se le hagan modificaciones sustanciales fácilmente detectables, la producción del material fisible para usos militares. En conclusión, y debido a las razones mencionadas, que son: *i*) capacidad de proporcionar un porcentaje sustancial de las necesidades energéticas mundiales; *ii*) poco riesgo de operación y de contaminación accidental; *iii*) abundantes reservas de combustible, y *iv*) difícilmente utilizable en aplicaciones militares. Podemos decir que, a partir del conocimiento científico–tecnológico *actual* la fusión es la única opción capaz de resolver el problema energético mundial en gran escala. Esto es aún más importante en cuanto que la fusión nuclear ya no consiste en una mera "hipótesis experimental". La evidencia disponible en experimentos de fusión por medio del láser y por confinamiento magnético ya ha proporcionado los parámetros requeridos para convertir esta propuesta en una realidad.

Debido a que no se espera que los primeros reactores de fusión comerciales estén en funcionamiento antes del año

2050, es muy probable que para entonces sean desarrolladas nuevas técnicas experimentales aplicadas al problema energético mundial. Esto último no es difícil de imaginar si nos damos cuenta que, por ejemplo, cuando se hizo la propuesta original de un reactor de fusión por confinamiento magnético, en 1961, no se disponía de magnetos superconductores ni de inyectores de haces neutros de alta potencia, ni de técnicas de calentamiento por radiofrecuencia, que son elementos desarrollados en los pasados cuarenta años, sin los cuales no se hubiera probado la factibilidad de la fusión nuclear por confinamiento magnético. Debido a esto, es posible que en los próximos cincuenta años se mejoren tecnologías que permitan explotar con mayor seguridad, eficiencia y menos riesgo ecológico las fuentes energéticas conocidas. Por esto mismo, es de vital importancia que *todas* las posibles opciones energéticas sigan siendo estudiadas.

Paradójicamente, a pesar de que muchos problemas del planeta han sido ocasionados por el uso irracional de ciertas tecnologías, la situación actual es tal que la supervivencia de la humanidad y la solución a los problemas ecológicos vitales de alimentación y de energía, sólo será posible a partir del conocimiento científico-tecnológico disponible.

ÍNDICE

Este libro se terminó de imprimir y en-
cuadernar en el mes de diciembre de 1994 en
la Impresora y Encuadernadora Progreso,
S. A. de C. V., (IEPSA), Calzada de San Loren-
zo, 202; 09830 México, D. F. Se tiraron 10 000
ejemplares. La tipografía estuvo a cargo de
Miguel Navarro.

La Ciencia desde México es coordinada edito-
rialmente por MARCO ANTONIO PULIDO y MARÍA
DEL CARMEN FARÍAS.